大话 PROFINET

智能连接工业4.0

陈曦 编著

化学工业出版社

·北京·

本书用类比的手法、风趣的语言，介绍了工业4.0的"连接助手"——PROFINET技术的相关知识。本书分为三大篇章：在入门篇中，介绍了一个草根工程师眼中的工业4.0，并且加入了一些网络的技术视角，搭建了展示PROFINET所需要的技术平台，然后引入PROFINET；在基础篇中，运用PROFINET技术搭建了一个满足工业3.0特点的工厂生产线控制系统通信网络，在组网的过程中逐步解释了其中所用到的PROFINET技术细节；在提高篇中，介绍了PROFINET系统运行时通信的内容等"高精尖"知识，为解决实际工作中遇到的更为复杂的问题提供一些思路。

　　本书视角独特，内容新颖实用，语言轻松有趣，适合通信、自动化、工业控制领域的技术人员阅读使用，同时也可作为高等院校相关专业的教材及参考书。

图书在版编目（CIP）数据

大话PROFINET：智能连接工业4.0/陈曦编著．
北京：化学工业出版社，2017.1
　ISBN 978-7-122-28379-5

　Ⅰ.①大…　Ⅱ.①陈…　Ⅲ.①总线-技术
Ⅳ.① TP336

中国版本图书馆CIP数据核字（2016）第259445号

责任编辑：耍利娜　　　　　　　　　　　　装帧设计：王晓宇
责任校对：边　涛

出版发行：化学工业出版社（北京市东城区青年湖南街13号　邮政编码100011）
印　　装：大厂聚鑫印刷有限责任公司
710mm×1000mm　1/16　印张11　字数164千字　2017年1月北京第1版第1次印刷

购书咨询：010-64518888（传真：010-64519686）　售后服务：010-64518899
网　　址：http://www.cip.com.cn
凡购买本书，如有缺损质量问题，本社销售中心负责调换。

定　　价：48.00元

前 言

工业 4.0 是当下最热门的话题之一。中国制造业尚处于工业 2.0 和工业 3.0 并行发展的阶段，想要在工业 4.0 的征途中实现"弯道超车"，就必须走工业 2.0 补课、工业 3.0 普及、工业 4.0 示范的发展道路，那么深入理解一种重要的工业以太网标准——PROFINET，就是在普及工业 3.0，就是在帮助读者从技术的层面理解工业 4.0。

PROFINET 是基于工业以太网技术的新一代自动化总线标准。既然是"标准"，那么大家听到这个词会有怎样的第一印象呢？是不是会想到白皮书一样的东西——有章节和条款、有文字和数据、有定义和解释。的确，在众多讲解 PROFINET 标准的培训教程中，介绍的内容不外乎是实时通信、分布式现场设备、运动控制、分布式自动化、网络安装、安全、过程控制、IT 标准等内容。德国的工程师用这样的教程，美国的工程师用这样的教程，国内的工程师也用这样的教程。

所以笔者觉得应该拿出一些方法帮助大家理解，减少学校和企业培养人才的难度。这俗话说得好："马无夜草不肥"。也就是说，咱们不仅要有兢兢业业的工作态度，踏实肯干的工作作风，而且要有一些事半功倍的工作方法，才能让中国制造业在这场影响全球的工业革命中实现"弯道超车"。

其实本书能够出版，是经历了一点曲折的。在开始码字的时候，正处于我工作的低谷期，当时感觉十分迷茫，因为学了一大堆东西后却不知道怎么学以致用，怎么服务于人民群众。经过一段时间的思考，我决定那就先服务自己吧，把学到的东西想想透彻，先让自己明白，然后写给别人看，关键是得写得深入浅出，让别人能看明白。而且要写得有趣些，不然大家工作那么忙，有点时间可以上微信抢红包呀，干吗费脑筋看这些枯燥的东西呢。写着写着就想到可以在论坛上贴出来呀，让更多朋友受益。也许是好事多磨，用《大话 PROFINET（连载）》的标题在论坛上第一次发布帖子就给毙了，就像公司有良好的业绩，想申请股票上市却给证监会驳回一样，当时真觉得自己运气不太好。不过活人哪能被尿憋死，如果不能直接上市，那就借壳上市吧，于是笔者拿出以前在论坛上已经发布过的一篇帖子，把名字改成《大话 PROFINET（连载）》，把内容改了再提交，终于得以发布。后来随着一次次的跟帖连载，终于收到的第一个网友回复，接下来是很多网友支持，再到论坛版主提升了帖子的热度，乃至得到官方微博的宣传，再后来收到编辑的约稿，最后行文成书，其中酸甜苦辣，真是只有自己才能体会。

其实学习本来就不是易事，我写这本书的初衷也是希望大家学习起来更加轻松，充满乐趣。无论如何，耐着心，读下去！这本书要比教材轻松、开心得多……

组织结构

本书分为三大篇章：入门篇、基础篇和提高篇。在入门篇中，先跟读者聊一聊一个草根工程师眼中的工业 4.0，并且加入了一些网络的技术视角，搭建了展示 PROFINET 所需要的所有技术平台，然后引入 PROFINET。在基础篇中，本书将运用 PROFINET 技术来搭建一个满足工业 3.0 特点的工厂生产线控制系统通信网络，在组网的过程中逐步解释一下其中所用到的所有 PROFINET 技术细节。在提高篇中，笔者再讲一些"高精尖"的东西作为提高，有兴趣的朋友可以了解到 PROFINET 系统运行时通信的内容，为解决实际工作中遇到的更为复杂的问题提供一些思路。

本书特点

当下的关于 PROFINET 的教程实在是过为严肃了些，样子千篇一律，讲解晦涩难懂，一点也没给人一种"新一代"的感觉。于是，笔者就想通过一种当下比较流行的方法——"图解××"或者是"一幅图看懂××"，来重新解读一下 PROFINET，使之变得亲切些，更接地气儿，根本目的就是想把技术也写得好玩一点。本书将运用 PROFINET 技术来搭建一个满足工业 3.0 特点的工厂控制系统通信网络，在组网的过程中逐步解释一下其中 PROFINET 所包含的所有技术细节。

读者对象

- ❑ 工业以太网相关研发人员。
- ❑ 自动化系统的设计人员。
- ❑ 相关专业的市场销售人员。
- ❑ 高等院校相关专业学生。

编者与致谢

在此要特别感谢我的母亲，作为本书的第一名读者，她无论何时都会信任和鼓励我；还要感谢我的妻子对我的支持和帮助；当然还有我的女儿，小家伙是我灵感的来源。同时还要感谢本书的编辑，您的慧眼发现了"第四个苹果"，促成了本书的面世。

本书由陈曦编著，同时参与本书资料整理等相关工作的人员还有马海英、张桂红、张玉书、王素珍、张波、孙微等。由于作者水平有限，书中疏漏、不足之处在所难免，恳请各位读者指正。

编著者

目录

大话PROFINET
——智能连接工业4.0

入门篇

　　夜幕降临，一个工程师仰望着浩瀚星空，心潮澎湃。万众瞩目的工业4.0，就像这群星璀璨的夜空，已经拉开帷幕。如果自己能在这轰轰烈烈的时代做些什么，或许也能成为繁星当中的一点。

① 楔子——心有多大，舞台就有多大

工业 4.0，也称为第四次工业革命。工业革命的本质就是生产效率得到大幅提升，而生产模式的转变会推动生产效率的大幅提升，科技进步则会促使生产模式的转变。因此，在谈工业革命时，往往混淆两种提法：一种是技术进步；另一种是生产模式的转变。其实，科技进步是工业革命的起因，生产模式的转变是工业革命的结果。

工业 4.0 不是专家杜撰的概念，是工业时代新技术融合的具体表现。目前的社会已经进入第四次工业革命时代（见图 1-1），工业 4.0 就是这次变革的具体体现。概念包含了由集中式控制向分散式增强型控制的基本模式转变，目标是建立一个高度灵活的个性化和数字化的产品与服务的生产模式。

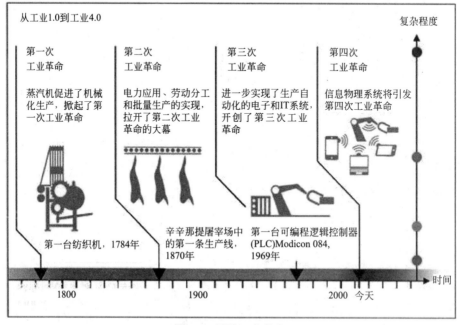

图 1-1　四次工业革命

前三次工业革命的发生，分别源于机械化、电力和信息技术，而互联网和制造业服务化迎来了智能制造为主导的第四次工业革命。较之蒸汽机发明带来的伟大工业技术变革，互联网掀起了一场建立在计算机技术基础上的社会革命，改变了文明演进的方式，创造了一种无所不在的新型网络社会，彻底改变了全球化进程中的各种联系。

三十年前，人们还在批评老子的"不出于户，以知天下"是唯心主义，然而今天，人们却能在家里、户外使用电脑和手机等互联网终端设备进行工作，完成购物和读书等，这是以往完全不敢想象的事情。互联网启动了人们的工作、购物和休闲活动的新模式，彻底地打破了人们对于固定工作场所的老旧思想，使整个世界成为即通有无的信息共同体，真正把人们带入了令人惊讶、可以足不出户就能知晓天下的新境界。

1.1 工业 1.0 回顾

现如今蒸汽机火车头几乎看不见了，所以讲到工业 1.0，大家一定觉得工业 1.0 很古老、很遥远、很落伍，其实不然。中国制造业不像德国，已经具备了传统装备设计与制造的国家优势，虽然经历了几十年跳跃式的发展，但仍然处于自动化的初级阶段，而且发展水平相当不对称，一些地方已经开始向工业 4.0 发展的同时，而部分地方还保留着工业 1.0 的印记，也就是手工作坊式的生产模式。不过，这里不去考究造成这种现象的原因，也不讨论解决办法，只是想简单掰扯一下工业 1.0，就像同学聚会叙叙旧。

有个段子还是比较有意思的，这个段子来源于网络上的一篇文章——《自动控制的故事》。如图 1-2 所示的故事（瓦特与蒸汽机）想必大家都听过，不过据说故事是后人杜撰出来的，其实事情的经过是这样的：纽考门比瓦特先发明蒸汽机，但是蒸汽机的转速控制问题没有解决，弄不好转速飞升，机器损坏先不说，还可能引起大事故。瓦特在蒸汽机的转轴上安了一个小棍，棍的一端和放汽阀连着，棍的另一端是一个小重锤，棍中间某个地方通过支点和转轴连接。转轴转起来的时候，重锤由于离心力的缘故挥起来。转速太高了，重锤挥得很高，放汽阀就被按下去，转速下降；转速太低了，重锤不起来，放汽阀就被松开，转速回升。这样，蒸汽机可以自动保持稳定的转速，既保证安全，又方便使用。也就是因为这个小小的转速调节器，使得瓦特的名字和第一次工业革命（工业 1.0）连在一起，而纽考门的名字就要到历史书里去找了。

图1-2 瓦特与蒸汽机

1.2 工业2.0补课

在2009年，笔者设计了一个产品，包括软硬件设计、外壳与安装，产品测试通过后进行生产。一开始是小批量生产，数目是10台，组织几个人来做，每个人组装若干台。笔者记得组装一台平均需要大概二十分钟，组装过程费时费力，想到这才是小批量生产，如果到后面大批量的话，需要的时间和人力成本将不可控。

后来，笔者发现了提高生产效率的秘诀——使用流水线（见图1-3），将产品的组装分为配料、装配、加固等若干工序，每道工序只做同样的操作，这样就可以大大缩短产品组装的平均时间，用极少的成本完成了原本看似极为复杂的工作，而且人手使用相当灵活。

图1-3 流水线生产

当时笔者深深地体会到了流水线生产的威力，只是不知道这就是当年福特汽车推动的第二次工业革命，现在看来笔者也算是补课"工业 2.0"了，也就是说无师自通地想到了人工流水线的生产模式。记得笔者在整个组装流水线中所负责的工序就是拧螺钉（用电动螺丝刀而不是扳手），所以从某种意义上来说，笔者重拍了查理斯·卓别林的电影，也可以称为 2009 年版的《摩登时代》。呵呵，说大了，诸位见笑！

1.3 工业 3.0 普及

由图 1-1 可以看出，工业 3.0 的技术是以 PLC 为主导的自动化生产线，其核心当然是 PLC 了。随着工业生产规模越来越大，生产的过程也日益强化，现场总线的出现使自动化系统的控制方式从集中式控制变成分布式控制，为工业 3.0 的自动化生产模式又带来了一次技术进步。由此可见工业 3.0 中重要的两种技术是 PLC 和现场总线。那么，PLC 是什么？现场总线又是什么呢？

在介绍这两种技术之前，需要先讲清楚集中式与分布式两种控制方式的概念。大家可以想象一下钢琴大师郎朗与维也纳爱乐乐团表演方式，集中式就是指钢琴大师用精湛的技艺将独奏曲目表现得淋漓尽致，而另一种分布式是指由各种乐器的音乐家们组成一个集体，和激情四射的指挥大师一起配合，将一些交响乐曲目演奏得荡气回肠。

1.3.1 PLC

PLC 就是可编程序控制器，说到这儿，估计不做工业控制的人还是不知所云，那么有什么好方法能说明白呢？笔者想起语文老师曾教过，常见的说明方法有举例子、引资料、列数字、打比方、分类别、作比较。对啊，用作比较的方法，让我们找一个熟悉的东西来作比较。

想必大家都喜欢听音乐对吗？如果想随时随地听听歌，那该怎么办？你也许会想到，这还不简单吗，用 MP3 把喜欢的歌带在身边就行了。对啊，史蒂夫·乔布斯也是通过 MP3 产品将苹果公司带出事业的低谷，所以咱们就拿 MP3 说事儿，见表 1-1。

表 1-1 比较说明 PLC

名 称	MP3	PLC
装置		
概念	一种音乐播放器	一种工业控制器
运行	根据其存储的音乐文件播放出不同的歌	根据其存储的程序文件执行不同的操作
输入	上下左右、确认、音量等按键	各种开关量、数字量、模拟量
输出	不同的音频信号	各种开关量、数字量、模拟量
使用方法	1. 通过电脑获得音乐文件 2. 用数据线把 MP3 和电脑连接 3. 将音乐文件导入 MP3 中 4. 启动 MP3 就能方便地播放音乐	1. 通过电脑编辑程序文件 2. 用数据线把 PLC 和电脑相连 3. 将程序文件导入 PLC 中 4. 启动 PLC 就能执行动作

通过这么一比较，大家对 PLC 是不是就不那么困惑了。搞工业控制的工程师更应该深入了解一下 PLC 的发展历史。1968 年，美国通用汽车公司提出取代继电器控制装置的要求。1969 年，美国数字设备公司研制出了第一台可编程控制器 PDP-14，在美国通用汽车公司的生产线上试用成功，首次采用程序化的手段应用于电气控制，这是第一代可编程序控制器，是世界上公认的第一台 PLC。后来出现了微处理器，人们很快将其引入，使 PLC 增加了运算、数据传送及处理等功能，完成了真正具有计算机特征的工业控制装置。此时的 PLC 为微机技术和继电器常规控制概念相结合的产物。个人计算机（PC）发展起来后，为了方便地反映可编程控制器的功能特点，可编程序控制器定名为 PLC。

1.3.2　现场总线

IEC（国际电工委员会）对于现场总线（Fieldbus）的定义是：安装在制造和过程区域的现场装置与控制室内的自动控制装置之间的数字式、串行、多点通信的数据总线称为现场总线。

过程控制的实际装置最初全是直接安装在现场的，后来出现气动单元仪表，可以把压缩空气的信号管线从现场拉到中心控制室，操作工可以在中控观察、控制全厂了。电动单元仪表防爆问题解决后，中控的使用更加广泛。操作工坐在仪表板前，对管辖工段的情况一目了然。但是随着工厂的增大和过程的复杂，仪表板越来越长，如图1-4所示的也许只是化工厂控制系统通信网络的简化示意图，因为对于一个大型化工厂的控制系统通信网络组成而言，包含上千个基本控制回路和上万个监控报警点是很正常的，如果每个点都使用一路信号管线，仪表接线必须把信号线拉到接线板上，然后再连到终端上，这样的接线方式是很浪费的，显然这是不可想象的。

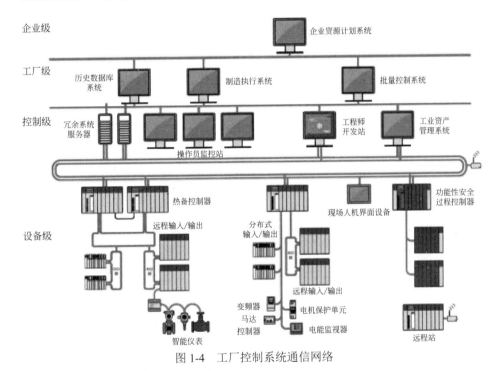

图1-4 工厂控制系统通信网络

随着计算机控制领域的扩大，类似USB（通用串行总线）那样的技术也开始用于数字化的仪表。现场总线使得各个仪表可以"挂"在一根总线上，然后将这根总线连到中央控制器就可以了，大大节约拉线费用和时间，对系统的扩展（如加一个测量用的变送器或控制阀）也极为方便。

既然后人能杜撰瓦特的故事，那么笔者也能想象一下发明现场总线的情形。比方说发明现场总线的是A君，那么A君小时候，发现家里晾晒衣物的方式发生了变化，奶奶原来需要为每件晾晒的衣物配备一个挂钩，这样的结果是衣服件数少还好办，一旦件数很多的话就显得很悲催了，会累死人的。后来奶奶会先架起一根长长的晾衣绳，然后将所有衣物都挂在绳子上，这样不仅节省了时间，而且想随时晾晒衣服也很方便。于是A君长大后，在解决数字化仪表接线的问题时，受到这个生活常识的启发——既然作为支撑功能的晾衣绳能方便晾晒衣服，那么作为通信功能的现场总线也能简化接线了。于是现场总线诞生了，而A君也成为善于观察、勤于思考的楷模。以上故事纯属虚构，如有雷同纯属巧合。

故事讲完了，玩笑开过了，现在该讲正事儿了。真正将通信技术引入控制系统的鼻祖是RS232/485信号传输方式。由于20世纪80年代串联通信技术的迅猛发展迎来了现场总线百家争鸣、百花齐放的局面，各种总线最大的不同点是采用了不同的网络拓扑结构，从而产生不同的传输协议。通过十多年不断的实践和不断的提高，形成一个比较完整的所谓的现场总线的概念和所应用的场合。PROFIBUS也是在这场实践和理论的提高和应用得到了巩固和发展。应该说现场总线技术是实现现场层或者将I/O层控制设备数字化通信的一种工业网络通信技术，是一次工业现场设备通信的数字化革命。通过标准的现场总线通信接口，现场I/O信号、传感器及变送器的设备可以直接连接到现场总线上，通过一根总线电缆传递所有数据信号，替代了原来的成百上千根电缆，大大降低了成本，提高了通信的可靠性。

1.4　工业4.0实现之路

工业4.0是一个发展的概念、动态的概念，工业4.0是一个理解未来信息技术与工业融合发展的多棱镜，站在不同角度会有不同的理解。

工业4.0的核心就是连接，把设备、生产线、工厂供应商、产品、客户紧密地连接在一起，是单机智能设备的互联，不同类型和功能的智能单机设备的互联组成智能生产线，不同的智能生产线间的互联组成智能车间，智能车间的互联组成智能工厂，不同地域、行业、企业的智能工厂互联组成一个制造能力无所不在的智能制造生态系统（见图1-5），这些单机智能设备、智能生产线、智能车间和智能工厂可以自由、动态地组合，以满足不断变化的制造需求，这是工业4.0区别于工业3.0的重要特征。

在大多数人的眼中，制造业本是一种以机器、设备、油污和钢屑为代表的陈旧事物，而现在工业4.0使得制造业变成了以3D打印、物联网、通信技术、大数据、云计算、软件为代表的摩登时代的事物，变得时尚光鲜起来。那么，工业4.0是如何做到的呢？

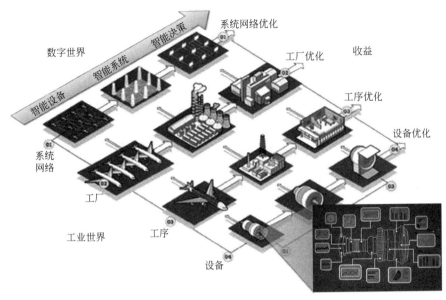

图 1-5　智能制造生态系统

　　在传统制造业模式下，要把消费品送到消费者手中，需要经过一个固定的流程。也就是原料、机械设备、工厂、运输与销售五大环节。从工业 1.0 到工业 3.0，这五个环节是不可或缺的基本模块，并且是固定的流程。那么在工业 4.0 中，生产智能化，原料、机械设备、工厂、运输与销售五大环节不再是生产的固定流程，而是统统独立出来了，每个模块都有自己的软件。进行智能化生产的智能工厂是由许多小的智能模块组合而成的。以中国制造业目前的实力来看，每个小模块我们都能够生产，这不是难事，已经是相当成熟的技术了。问题是工业 4.0 是智慧工厂，是智能制造，如何将这些小模块整合成一个工业 4.0 的智能工厂，这就是我们的短板所在。那么应该怎么办呢？

　　要推动工业 4.0，首先要全面升级与提高工业 3.0，而现场总线技术作为重要的技术之一，也需要不断发展；接下来，工业 4.0 所要追求的是在企业内部实行所有环节信息的无缝连接，因此数字化成为智能制造系统互联互通的必要条件；然后，实现智能制造需要构建庞大复杂的系统，产品的设计、生产、物流、销售、服务全生命周期中要与客户协同互动，实现当前所倡导的客户化定制。最后，将多个小的智能模块组成一个大的智能工厂，再将多个大型智能工厂融合成一个智能制造生态系统，如同表 1-2 所描述的那样。

表 1-2　工业 4.0 的实现

步骤	功能要求	技术实现
升级工业 3.0	从自动化到生产数字化，打通产业链采购、加工、装配、测试、标码、包装和物流发货等各个环节	现场总线、IEC61131-3 标准、自动化控制系统、机电一体化设计、机器人技术、3D 打印技术、数控机床（CNC）、机器视觉、图像识别技术、RFID、安全功能技术、智能物流等
产品数字化	实现柔性化设计产品，客户化定制产品	虚拟仿真技术
企业管理数字化	升级版的企业内部的通信网络来决定如何生产	ERP（企业资源规划）技术、PLM（生产管理）
客户化定制	将企业网联入互联网，实现智能生产和智慧工厂	实现制造网、物联网、网络信息安全、服务网的互联互通
智能制造生态环境系统	由众多智慧工厂和配套服务所形成的工业 4.0 最终形态	互联网、云计算、大数据等技术

1.5　互联网

有一个脑筋急转弯：为什么地球是最适宜人类生存的星球？答案是：因为地球上有互联网，而其他的星球上没有。笑过之余，我们发现当今社会，互联网已经深入到人们工作生活的方方面面。网络无处不在，网络无所不能。那么这项伟大的变革是从何开始的呢？让我们一起来转动时间的齿轮，回到那个勇于创新的年代。

1.5.1　互联网的发展历史

作为对前苏联 1957 年发射的第一颗人造地球卫星的直接反应，以及由前苏联的卫星技术潜在的军事用途所导致的恐惧，美国国防部组建了高级研究项目局（ARPA）。当时，美国国防部为了保证美国本土防卫力量和海外防御武装在受到前苏联第一次核打击以后仍然具有一定的生存和反击能力，认为有必要设计出一种分散的指挥系统。1969 美国国防部委托 ARPA 进行联网的研究。

1969 年 9 月 2 日，在加州大学洛杉矶分校实验室，约 20 名研究人员完成了两台计算机之间的数据传输试验，即 ARPANET。它是国际互联网的雏形，这一天也被视为互联网的"诞生日"。

同年，美军在 ARPA 制定的协定下将美国加利福尼亚大学、斯坦福大学研究学院加利福尼亚大学和犹他州大学的四台主要的计算机连接起来。这个协定由剑桥大学的 BBN 和 MA 执行，在 1969 年 12 月开始联机。由于最初的通信协议下对于节点以及用户机数量的限制，建立一种能保证计算机之间进行通信的标准规范（即"通信协议"）显得尤为重要。

1973 年，美国国防部也开始研究如何实现各种不同网络之间的互联问题。作为 Internet 的早期骨干网，ARPANET 的试验奠定了 Internet 存在和发展的基础，ARPANET 在技术上的另一个重大贡献是 TCP/IP 协议簇的开发和利用。1972 年 Robert Kahn 来到 ARPA，并提出了开放式网络框架，从而出现了大家熟知的 TCP/IP（传输控制协议 / 网际协议）。

1983 年 1 月，所有连入 ARPANET 的主机实现了从 NCP（网络控制协议）向 TCP/IP 协议的转换。于是，TCP/IP 协议在众多的网络通信协议中胜出，打破了各个机构设立不同规则的局限性，成为人类至今共同遵循的网络传输控制协议。1991 年，HTTP（超文本传输协议）和 HTML（超文本标记语言）实现了"连接所有人"的目标。

1.5.2　OSI 参考模型

所谓"协议"可以理解成机器之间交谈的语言，TCP/IP 通信模型是一系列网络协议的总称，这些协议的目的，就是使计算机之间可以进行信息交换。而控制系统最底层的控制器和现场设备互连也是遵循 ISO（国际标准化组织）/OSI（开放式系统互联）参考模型的通信协议及现场总线形式，即信息传输数字化、控制系统分散化、现场设备之间互操作、技术和标准的全开放化。

OSI 参考模型是通信的基础，是怎么都绕不开的话题，就像数学是理工科的基础学科一样。这个以计算机为原始设备的通信模型分成了物理层、数据链路层、网络层、传输层、会话层、表示层和应用层 7 个层次。图 1-6 通过最为大家所熟悉的 TCP/IP 协议为例，描述了 TCP/IP 协议的 OSI 参考模型及其功能说明。

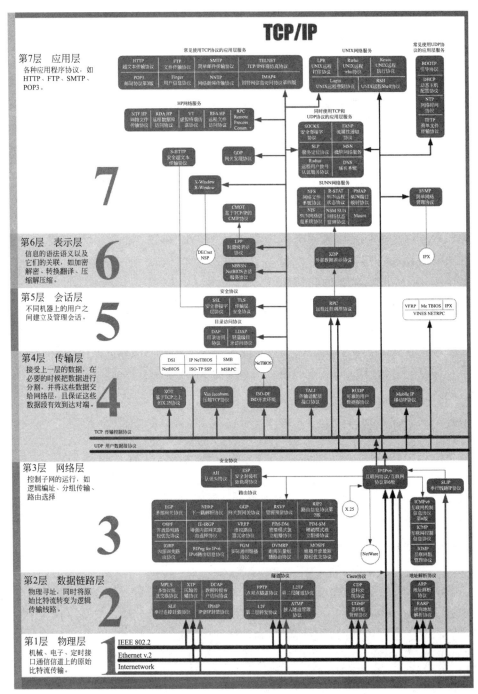

图 1-6 TCP/IP 协议的 OSI 参考模型

其实有一种比较简单的理解方法。通信模型的分层本质就是分工，层与层之间通过接口相互作用，相当于工序之间的配合。我们拿网上购物做比方。首先是网上订货，需要什么只有买卖双方知道。订好货了卖家开始发货，具体的收货、送货之类的工作，就属于下一层的事情了。那么下一层是谁呢？当然是快递公司了，快递公司将货物打包成一定形式的包裹，再要求填写固定格式的快递单据。这些快递公司不是很关心里面的货物究竟是什么，只要问清楚不是不能寄送的违禁品就行，他们主要关注货物的大小、重量和目的地，只要快递单据正确填写好后就知道那是往哪儿送就行了。这个层次结束后还有一个层次，那就是底层——快递员，他们负责跑腿，无论是通过骑车、开车还是坐飞机，反正具体工作就是将货物送到你的手中，让你收货签字就齐活儿了。经过这一通流程，咱们回过头来仔细想想，从网上购物到拿到东西，基本上经历了三个层次（见表1-3）。

表1-3　物流分层说明

序号	对应 OSI 层	角色	作　　用
1	物理层	快递员	具体的投递工作
2	传输层	快递公司	货物打包，快递单据的分类处理，安排物流运送
3	用户层	亲们与卖家	收货与发货

1.6　互联网中的局域网

没有互联网，人类现在几乎寸步难行。以至于近年来，关于互联网对现实世界产生的颠覆，已经被神化到无所不在、无所不能。但凡是一个创业者或者职业人，拿着一份投资计划或者是谈到一次升职，都在谈 O2O、线上、线下，甚至在生活中，人人都可以说自己是"互联网+"，或者"+互联网"。政府更是大力提倡"互联网+"，号召大众创业、万众创新。一时间，见面就谈互联网，相逢必说 O2O，弄得传统行业的一些人自惭形秽。

为了不让自己脱离时代，不让制造业总带给人们"因循守旧"的印象，那么咱也要努力迸出几个和"互联网"相关的内容，不是为了应景，而是为了在新世界中讨一口饭吃。正所谓"理想很丰满，现实很骨感"，既然有了远大的理想，怎么去做呢？既然咱是做技术的，那么就从技术的角度剖析一下互联网吧。

首先，大家不必把互联网当成看不见摸不着的东西，觉得很神秘，其实互联网因成千上万米长的厚重而破旧的线缆连接而存在，其实它是由大量的金属、塑料和光纤组成的。其范围遍及全球，就像个机器怪兽抱住整个地球一样。漫长的海底光缆连接各个大陆，使世界连成一个整体。

互联网具有这样的能力——将各种各样的网络连接起来，而不论其规模、数量、地理位置。同时，把网络互联起来，也就把网络上的资源组合了起来，这当然比独个网络的价值要高出许多。因此，互联网最基本的特点就是全球范围内实时的流通数据，其实质是物理网络和信息资源相结合形成的一个信息网络实体，从组成上来说是一个网络之上的网络。

接下来，既然互联网是一个布满线缆的网络，那么家里的电脑、办公室里的设备以及国外的服务器，都通过这些线缆连接着，互联网是将各种不同的小型网络连接起来的一个大型网络，它以 TCP/IP 协议作为通信方式。如果能将每片大陆和小岛都孤立起来、剥离出来的话，那么互联网就不再是一个全球性的整体，而剩下的也就是一些局域网，不再是互联网了，无论地域面积有多大。所以说互联网是包括了局域网的一个全球性互联网络。

然后，局域网（Local Area Network，LAN）（见图 1-7）是指在某一区域内由多台计算机互联成的计算机组，一般是方圆几千米以内。局域网可以实现文件管理、应用软件共享、打印机共享、工作组内的日程安排、电子邮件和传真通信服务等功能。局域网是封闭型的，可以由办公室内的两台计算机组成，也可以由一个公司内的上千台计算机所组成。换句话说，局域网就是本地互联网。而工控行业热门的现场总线，也可以说是运行在工业现场的一种局域网，它使用了 OSI 通信模型中的 3 层。

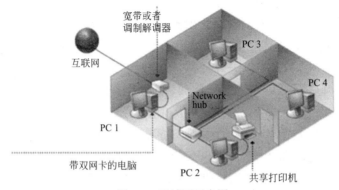

图 1-7　局域网示意图

1.7 用以太网实现局域网

在许多人眼里，以太网只不过是一根网线，插到一个电话线插座一样的东西里。但是在科技行家眼里，以太网可是一个重要技术。以太网技术诞生，成为最流行的局域网技术，并且成为当今互联网的基石。IEEE 标准委员会在其官方网站写到："在今天的全世界影响人们日常生活的技术中，以太网名列前茅。数据中心网络、PC、笔记本、平板、智能手机、物联网、上网汽车等，以太网都多多少少和它们有关系。"

局域网包含以太网、令牌环网、FDDI、ATM、WLAN 等类型。这其中，以太网（Ethernet）作为一种标准，也就是 IEEE802.3 系列标准，是工作在网络接口层的一种小型网络，它规定了局域网的网络拓扑结构、访问控制方式以及传输速率等技术规范。

罗伯特·梅特卡夫博士在 1976 年绘制了以太网草图，并在这一年 6 月的国家计算机会议提出了以太网，一种可以在短距离内使得电脑可以互相连通的标准，图 1-8 描绘了以太网的各部分术语。随着科技的发展，带有冲突检测的载波监听多路访问（CSMA/CD）的方法不断改进，从而形成了一致而又强大的局域网技术，将今天所有的大学和研究机构几乎都连接到网络中。

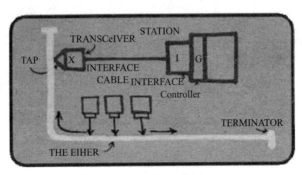

图 1-8　以太网草图

以太网是当今现有局域网采用的通信协议标准，是最广泛安装的局域网技术。正如现在 IEEE 802.3 标准中指出的，以太网原来由 Xerox 开发，后来由 Xerox、DEC 和 Intel 共同开发完成。以太网一般使用同轴电缆和特种双绞线，连接在电缆上的设备争用线路、冲突采用 CSMA/CD 协议控制。该标准定义了在局域网中采用的电缆类型和信号处理方法。以太网在互联设备之间以双绞线电缆传送数据信息包，由于其低成本、高可靠性以及较高的通信速率而成为应用最为广泛的通信技术。

1.8 从以太网到工业以太网

一个统一的现场总线标准始终是用户的希望和要求，将当今已经成熟的互联网标准——以太网和信息技术（IT）应用到现场总线将显著提高分布式系统之间通信效率。

将计算机网络中的以太网技术应用于工业自动化领域构成的工业以太网，是当前工业控制现场总线技术的一个重要发展方向。与使用传统技术的现场总线相比，工业以太网具有以下优点：传输速度快，数据容量大，传输距离长；使用通用以太网元器件，性价比高；可以接入标准以太网端。工业以太网是常规以太网技术的延伸，以便满足工业控制领域的数据通信要求。目前，市场上已有的工业以太网的实现原理大致分为三种类型，见图1-9。

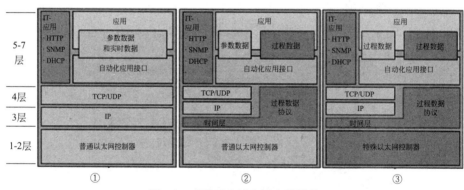

图1-9 三种工业以太网实现原理

在2015年上海工业博览会上，各个技术组织都使出浑身解数，争奇斗艳、各显神通，不仅展示了相关工业以太网技术的特色，而且彰显了其在相关领域的不凡业绩。不过对于这些工业以太网的实现原理，一般人他们是不告诉你的，所以在下拿出些"维基解密"的精神，给大家总结提炼了一下三类工业以太网的实现原理，以馈读者，请看表1-4。

表 1-4　工业以太网的三类实现机理

序号	技术特点	说　　明	应用实例
1	基于 TCP/IP 实现	特殊部分在应用层	Modbus/TCP Ethernet/IP
2	基于以太网实现	不仅实现了应用层，而且在网络层和传输层做了修改	Ethernet Powerlink PROFINET RT
3	修改以太网实现	不仅在网络层和传输层做了修改，而且改进了底下两层，需要特殊的网络控制器	EtherCat SERCOS-III PROFINET IRT

1.9　小结

关于工业 4.0 趋势的阐述并非虚无缥缈，因为它不但是西方学术界共同总结出的最佳实践理论体系，而且也是业界领军者们根据自身利益与产品定位所达成的普遍共识。

当前，中国制造业尚处于工业 2.0 和工业 3.0 并行发展的阶段，中国的生产模式依然较为粗放，与西方发达国家间仍存在着较大的差距。中国要搞工业 4.0，首先要对工业 2.0 进行补课，对工业 3.0 进行普及，加强自动化技术在生产制造产业链的应用，只有充分地采用自动化技术才能提高产品生产质量可靠性。作为后来者与跟随者，学习与效仿西方先进理念与技术无疑是缩小差距的最佳途径。因此，笔者正想通过本书，为大家介绍一个国内尚未被广泛认知，而西方工业领军者们已经开始广泛采纳的技术路线——PROFINET。

两化融合是信息化和工业化的高层次的深度结合，是指以信息化带动工业化、以工业化促进信息化，走新型工业化道路。本章旨在从两化融合（工业化与信息化）的角度进行思考，以从古至今、从大到小的思路介绍了 PROFINET 中各种技术点所需要的背景知识，比如说生产流水线、PLC、现场总线、互联网、工业以太网等，希望能让读者在了解 PROFINET 的时候有一种似曾相识的感觉。

② PROFINET 概述——大咖出场

万众瞩目的工业 4.0 颁奖晚会正在如火如荼地举行，现在有请颁奖嘉宾——当红影星胡歌上台来一起颁奖。

主持人：胡歌，你好！

胡歌：主持人，你好！大家好！

主持人：胡歌最近混得不错啊，那是相当露脸啊，现在不是有个说法吗，明明能靠脸吃饭，却偏偏要靠才华，这说的就是你吧。

胡歌：主持人谬赞了，我呢，最多也就在国内娱乐圈略有薄名，拿到世界舞台上晒晒的话，就显得不起眼了，怎么比得上今天这位呢。你听过 IEC61158 标准系列吧？

主持人：听过啊，IEC61158 标准系列算是现场总线的"琅琊榜"，搞工业自动化的，谁人不知，谁人不晓。怎么了？

胡歌：今天咱们介绍的这位制造业的明星，那可是登上了这个"琅琊榜"的，怎么样，够炫够酷吧？

主持人：哦，是吗？那可得让大家好好见识见识。

和声：现在有请 PROFINET 闪亮登场，鲜花、掌声、Music 走起……

背景音乐响起，同时响起浑厚的颁奖词朗读声：他，系出名门，遍布过程控制的各个领域；他，延展了以太网的边界，让人与现场设备的连接无障碍；在高科技领域，他发现了一片崭新的蓝海，实时传递着现场的声音，他就是——PROFINET。

2.1 PROFINET 是什么

PROFINET 是基于工业以太网技术的新一代自动化总线标准，和 PROFIBUS、INTERBUS、CIP、P-NET、FF 等一样入选了 IEC61158 标准系列。拿上面胡歌的例子来对比一下，来更好地认识 PROFINET，见表 2-1。

表 2-1　PROFINET 与胡歌的对比

名称：PROFINET	中文名：胡歌
全称：Process Field Net	外文名：Hugh
国籍：德国	国籍：中国
职业：现场总线标准	职业：演员、歌手、制片人、餐厅老板
组织：PROFIBUS 国际组织 PI	经纪公司：上海唐人电影制作有限公司
代表作：汽车制造、烟草行业、化工生产、水处理、工业机器人控制等	代表作：仙剑奇侠传、神话、琅琊榜、伪装者、生活启示录等
成就：IEC61158 标准系列中的第 10 种	成就：中国大学生电视节最受欢迎男演员

2.2　PROFINET 的作用

　　熟悉金庸小说的人都知道，金庸先生笔下真正的武林高手，那可都是武功奇高，惊世骇俗的，出场时都会带有强大的气场。那么在上一节中 PROFINET 登台的气场也不小，那是因为其的确有两把刷子。

　　以太网指的是当今现有局域网采用的最通用的标准，工业以太网源于以太网而高于以太网，既然 PROFINET 基于工业以太网技术，那么其基本作用可以抽象为——"连接"。

　　参观过 2015 年 11 月份在上海举行的工业博览会的朋友一定知道，工业机器人是当前非常能吸引人眼球的技术之一，俗话说"外行看热闹，内行看门道"，作为工业机器人实现技术之一的控制系统，越来越多地开始使用工业以太网作为其通信总线。从相互关系上看，如果说控制器是人的大脑的话，那么工业以太网就是神经系统，用于传输各种感知信号和动作指示。PROFINET 使通信网络更能满足运动控制苛刻的要求，能让机器人做到歌中唱的那样"看见蟑螂我不怕不怕啦，我神经比较大，不怕不怕不怕啦"（见图 2-1）。所以说 PROFINET 的作用可以说成是——强大

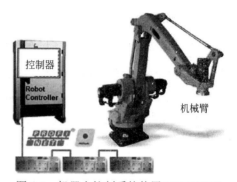

图 2-1　机器人控制系统使用 PROFINET

的连接。

工业4.0是当前制造业最热门的话题，所以不谈这个话题都不好意思跟同行们打招呼。工业4.0里面的一个重要内容是智慧工厂（见图2-2）。工厂流水线设备之间通信，无论是传统的有线连接还是先进的无线连接与分布式控制，都可以通过PROFINET实现，从某个角度可以说PROFINET的作用就是这些系统与模块之间的"连接线"。不要小看这些线，这是在"连接智能世界"，那么PROFINET的作用可以再次升华成——智能的连接。

智慧工厂的车间
——基于无线、RFID、传感器和服务的架构

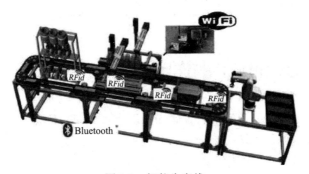

图2-2　智能生产线

2.3　PROFINET 的特点

现在我们经常听到的一个词儿是"差异化"，指企业在顾客广泛重视的某些方面，力求在本产业中独树一帜，要有不一样的地方。PROFINET与周围这些朋友有什么不一样呢？先将PROFINET与其他工业以太网比比，大家来找茬。

2.3.1　PROFINET 与 PROFIBUS 比较

PROFIBUS和PROFINET都是PI国际组织推出的两种现场总线，两者的确很像（见表2-2），很有一种"本是同根生"的感觉，比方说：

①PROFINET IO沿用了熟悉的PROFIBUS DP；

②从西门子PLC编程软件的组态方式来看，两者的组态方法也十分相像；

③两者变量访问方式很相似，唯一的区别是PROFIBUS没有子槽；

④现有的PROFIBUS模块通常可以快速集成在PROFINET中。

表 2-2　PROFINET 与 PROFIBUS 的相似点

项目	PROFIBUS	PROFINET
协议栈	精简的堆栈结构	精简的堆栈结构
实时性	实时	实时、等时实时
描述设备	GSD 文件	GSD 文件
变量访问	槽、索引	槽、子槽、索引
应用场合	过程自动化、工厂自动化、运动控制	过程自动化、工厂自动化、运动控制

　　正因为两者有诸多相似点，考虑到 PROFIBUS 是基于 RS485，而 PROFINET 是基于工业以太网，于是乎有不少工程师认为 PROFINET 就是运行在工业以太网上的 PROFIBUS，用数学公式表示为：

$$PROFINET=PROBUS+ETHERNET$$

　　这种说法有失偏颇，比如说 PROFINET 在解决以太网 CSMA/CD 机制的弊端时，所采用的循环通信机制，以及所包含的通信协议的内容，既不属于以太网技术，又不属于 PROFIBUS 的内容，而是专属于 PROFINET 的重要内容，也是其区别于其他一些工业以太网协议的技术特点之一。

　　喜欢篮球的铁杆球迷们一定会听说过两支非常伟大的球队——20 世纪 80 年代的湖人队和 20 世纪 90 年代的公牛队，而且不少人还总想比较两支球队到底谁更强。其实两支球队分别属于不同的年代，直接比较确实没有可比性。所以说从狭义上讲，PROFIBUS 和 PROFINET 没有可比性。

　　不过在现实生活中，人们普遍地潜藏着一种"互相比较"的心理，对同类的人和事物进行一番比较，甚至对不同历史阶段，不同文化背景的人和事物也进行比较，并试图找出某种合理的"换算方法"。所以这里就只能在广义上比较两者在应用上的区别（见表 2-3）。

表 2-3　PROFINET 与 PROFIBUS 的不同之处

项目	PROFIBUS	PROFINET
通信模型	主从	生产者 / 消费者
总线周期	达不到 PROFINET 的级别	IRT 最小可以 31.25，抖动小于 1μs
平台	基于 RS485 总线	基于快速以太网
通信速率	最高 2Mbps	高达 100Mbps

——智能连接工业4.0

续表

项目	PROFIBUS	PROFINET
传送数据	过程数据	过程数据、TCP、IT、语音与图像数据
诊断	总线诊断	更加灵活的诊断，包括网络诊断
运动控制	精度与性能比不上 PROFINET	性能优异，尤其是使用 IRT
网络扩展	固定，不太容易扩展，只能通过增加 OLM 或中继器扩展网络	灵活，扩展非常方便，类似于办公网络扩容

可以看出，PROFINET 最突出的特点是全面性，可以满足各种各样的应用。PROFINET 另外一个突出的特点是通过以太网可以同时传输多种数据，这是 PROFIBUS 所无法比拟的。PROFINET 可以从网络的任何一点，或者通过 WLAN，随时随地访问所需要连接的设备。PROFINET 使用以太网的连接方式，加入交换机，插入网线连接即可扩容，这与办公室局域网相似，需要增加设备的时候，只需要将设备连接到交换机的端口即可。

2.3.2　工业以太网标准之间的比较

事实证明现代自动控制的发展是与现代通信技术的发展紧密相关的，以太网应用到工业控制场合后，经过改进成为工业以太网，无论是现场总线还是工业以太网都对工业控制系统的分散化、数字化、智能化和一体化起了决定性的作用。要想全面认识工业以太网技术，就需要对不同的工业以太网的技术有所了解并进行相应的比较。ROFINET 是工业以太网上实现的一种规范，相近功能的协议规范还有 EtherCAT、Ethernet/IP 和 Ethernet Powerlink 等。表 2-4 对这些工业以太网进行了比较。

表 2-4　几种工业以太网的比较

项目	PROFINET	EtherCAT	Ethernet/IP	Powerlink
组织（简称）	PI	ETG	ODVA	EPSG
技术开放性	收费	收费	实例程序	开源
硬件解决方案	可以	可以	不可以	不可以
通信模型	生产者/消费者	主从	客户端/服务器	主从
通信方法	信息传输帧	集总帧	信息传输帧	信息传输帧
应用层协议	PROFINET	CANopen/SERCOS	DeviceNet	CANopen

2.4 PROFINET 的优点

前几年去过上海工业博览会西门子展台的诸位工程师，应该会对一张图有印象，那就是工厂自动化通信网络的"三角形"分层架构（见图 2-3），即由下至上是现场层、控制层、管理层。PROFINET 最突出的优点是能通过一种网线，可以传输过程数据、IT、语音、图像等数据，连接不同的网络，真正实现"一网到底"，这是传统现场总线所无法实现的。

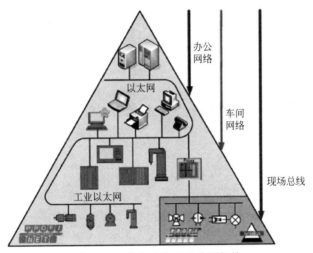

图 2-3　工业自动化网络分层架构

一般人也许对"一网到底"没有什么感觉，因为现在的工厂网络运行得挺好，没法直观地体会到这种技术特点有什么好处，其实这里咱们先聊点别的话题，一会再回到工业网络上来，或许那时你就有些感觉了。

大家或多或少会关心一下装修，一般水电改造是装修的第一个环节，也是许多装修公司在装修工程中最挣钱的部分。如图 2-4 所示，水电改造中需要考虑强电（220V）、弱电（电视 TV、电话 TP、网络 TX）分离，强电部分需要选择不同粗细的电线，比如空调的电源线要粗，而照明的电源线可以细一些。由于电源线粗细不同，而且电话线、电视和网络信号线也不同，那么就得买不同种类的线缆，如何选择各种线缆其实是大家不太了解的地方，也是装修公司最挣钱的地方。

假如有一天出现这样一种技术，甭管强电弱电还是电流大小，可以统统使用一种标准的、可靠的、价格透明的线缆，最好还能供水（开玩笑了），那么广大消费者的装修成本可就大大下降了！

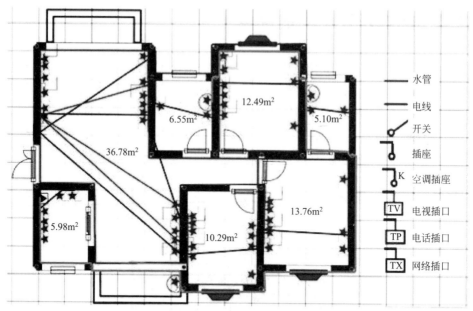

图中的图例说明：

- —— 水管
- —— 电线
- 开关
- 插座
- 空调插座 K
- TV 电视插口
- TP 电话插口
- TX 网络插口

图2-4　装修水电图

聊完了装修，咱们再回到工业自动化的话题，看看一个工厂控制系统网络的组成（见图2-5），图中的图标的含义是：

①生产线系统负责协调和控制的生产和记录操作数据；

②配置工具负责远程执行组态、诊断、维护；

③控制器系统负责控制器协调和控制各个生产单元；

④安全系统保护网络中人员、设备、资源；

⑤实时系统完成相应时间有要求的任务；

⑥现场总线系统指运用总线连接的控制器、传感器和执行器。

要实现图2-5中的各种系统的通信，不仅要使用不同种类的网络，而且不同网络之间还要使用众多网关，可以想象出不同的线路遍布厂房的景象。如果能将图2-5的连接方式转变为图2-6的连接方式，那么布线与调试应该能达到这样一种境界——"整个世界都清净了"。所以说PROFINET针对工厂控制系统通信网络就属于这样一种"一招鲜，尝遍天"的连接技术！而且PROFINET系统可以集成包括PROFIBUS和Interbus等其他总线系统，能够对现有系统投资的保护。不仅如此，还能让工厂自动化通信网络连入高层级的应用于服务，比如说ERP系统与MES系统，乃至互联网。

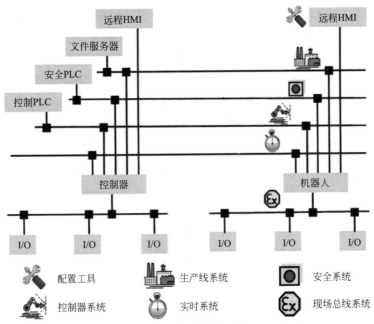

图 2-5　传统的工厂自动化控制系统通信网络

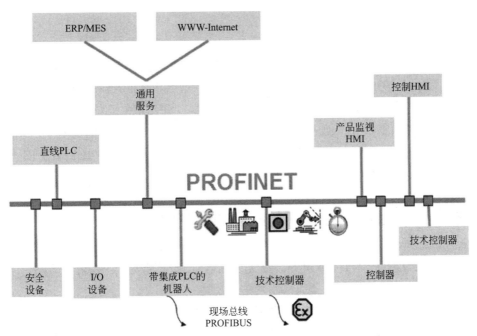

图 2-6　基于 PROFINET 的工厂自动化控制系统通信网络

为什么 PROFINET 能有这样的本事呢？因为 PROFINET 很灵活，能够满足工厂自动化的不同层次的需求，它集成了许多功能来满足工程自动化的不同需求，能满足各种工业控制场合对响应时间有不同标准的要求。

过程控制领域近几年有一个发展趋势，那就是随着微处理器与 PC 的成本变得越来越低，过程控制方式从以前的集中控制变成分布式控制，以现场设备（IO）、传感器和执行器（阀、驱动器）所组成的控制系统也越来越多地使用工业以太网进行连接和通信。

PROFINET 具有多制造商产品之间的通信能力，并针对分布式智能自动化系统进行了优化，而且能将不同层次的诸如生产管理、控制器、现场总线系统整合到一个统一的网络中，从而大大节省了连接和调试的费用。

2.5 PROFINET 的基本内容

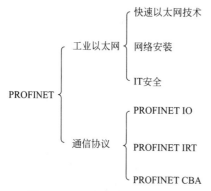

图 2-7 PROFINET 的主要内容

从软硬结合的角度去理解，PROFINET 内容应该分为工业以太网（硬件）和通信协议（软件），其中工业以太网分为快速以太网技术、网络安装、IT 安全、集成现场总线；而通信协议包括 PROFINET IO、PROFINET CBA、PROFINET IRT（见图 2-7）。既然 PROFINET 是一种自动化总线标准，那么其主要任务就是组建控制器与现场设备之间的通信网络，因此描述"分布式外设"的 PROFINET IO 是 PROFINET 的主要内容。

2.6 本书对 PROFINET 的分析方法

古人说得好："工欲善其事，必先利其器"。如果能发现一些好的方法，一定会使得学习 PROFINET 能有事半功倍的效果。

国外 PROFINET 教程在内容编排上会先从以太网基础知识开始介绍，其套路讲究的是"万丈高楼平地起，打好基础很重要"。不过笔者觉得可以换一个思路，从需要实现一个什么东西讲起，再讲如何实现，接着讲为什么这样实现，通过这种"结果导向"的方式更容易调动积极性。这让笔者想到大学时学习 C 语言编程，如果当时老师拿出一个小游戏程序，告诉大家这是用 C 语言写的，然后开始一边玩游戏一边改程序，于是大家发现改动会使游戏运行效果不一样，那么同学们这门课的成绩会很好。原因很简单呀——兴趣是最好的老师嘛。

所以，笔者考虑使用 PROFINET 技术模拟搭建一个满足工业 3.0 特点的工厂控制自动化通信网络，并逐步解释其中所包含的 PROFINET 技术。为了满足大家的好奇心，咱们先睹为快。接下来，笔者就像史蒂夫·乔布斯在很多次苹果新品发布会所做的那样，先用极为煽动性的言语吊起大众的胃口，伴随着激昂的背景音乐，一把揭去罩在产品上面的盖布，于是呈现出满足工业 3.0 特点的工厂自动化控制系统通信网络，如图 2-8 所示。

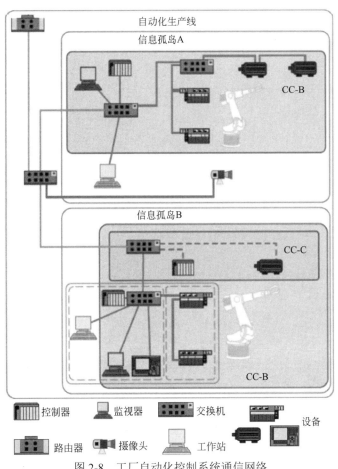

图 2-8　工厂自动化控制系统通信网络

2.7　小结

通过定义，咱们可以为 PROFINET 总结出一句口号：以工业以太网为基础，以现场总线为本质，以 IEC（国际电工委员会）、欧洲、国家标准为表现形式。

大话PROFINET
——智能连接工业4.0

基础篇

工业 4.0 就是要建立一个智能的生态系统，让智能无所不在、连接无所不在、数据无所不在，使设备与设备之间、人与人之间、物与物之间、人与物之间的联系变得越来越紧密，实现人、设备、产品等制造要素和资源相互识别、实时连通、有效交流。

③ PROFINET IO——秀一下肌肉

我们的大学时光就是联网游戏的时光，上学那会儿打着学习的幌子要配电脑，有了电脑甭管什么学习了，先装游戏。单机游戏？那是小儿科，得要考虑联网对战，在宿舍局域网内玩腻了就要考虑上外网（浩方对战平台）去切磋技艺，于是宿舍里充满了鬼哭狼嚎、大呼小叫，好不快活，这样的日子同学们有没有？

改换几个术语，提升一下格调，现在把联机游戏这码事儿上升点高度仔细回味一下，这个过程和使用 PROFINET 技术搭建一个控制系统通信网络是差不多的，从选电脑配件、攒机、装系统、配软件、弄交换机、买网线、接水晶头、联网线、配置网络、联机调试到弄个"猫"上外网，配个路由器大家一起上网，最后升级到无线路由实现无线覆盖，可以说组网游戏的整个过程和搭建控制系统通信网络多少是有相通的地方。怎么，这个思维有点"穿越"了，没听明白？没关系，现在听我"韶韶"（南京话：讲讲）。

3.1 系统概述

工业 4.0 要求信息必须经过标准化的界面在安全的通信环境中，以水平和垂直的方式进行交流。计算机以工业化的形式用于完成生产控制，同时，生产控制系统的通信是一种垂直通信，因为它是一个层级组织的生产金字塔结构。设备之间的水平通信通常是由控制系统内部组成之间的通信。

PROFINET IO 是一种采用新的拓扑结构和具有实时性传输协议的工业以太网（见图 3-1），它已能满足 80% ~ 90% 工业自动化控制领域对于时间的要求。同时在可靠性、诊断功能、组态功能、实用性、方便性以及与现场总线无缝连接的和谐性已成 PROFINET 发展的主流。

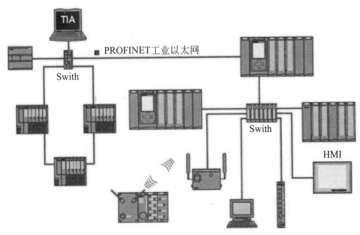

图 3-1　PROFINET IO 系统

再看看上一章所描述的工厂自动化控制通信网络（见图 2-7），网络包含控制层和现场层，以及连接到管理层的各种组件，几乎涵盖了工业 3.0 特点的工厂自动化系统的所有元素，控制层和现场层的网络系统通常是由分布式设备组成，属于上面提到 PROFINET IO（分布式外设）。看看这个模拟的"一网到底"的工业通信网络，控制层与现场层的控制网络由设备和网线连接组成，并通过网络连接到管理层。

怎么样，当一条"色香味俱全"的生产线控制网络呈现在眼前，就像看到了别的宿舍的同学正在忘我地玩 Dota 联机游戏，你们宿舍的还在挑灯打牌一样，有木有一种冲动，很想知道这个网络是怎么搭建起来的？别急，万丈高楼平地起，就像联机游戏前你得先配电脑，学习 C 语言要先认识变量类型一样，搭建网络也得先认识有哪些 PROFINET 设备，然后就要选择需要的 PROFINET 设备，选择设备通常需要从以下条件考虑：

① 设备类型；

② 一致性类别；

③ 实时要求；

④ 设备防护等级。

3.2　PROFINET 设备类型

有网络称为 PROFINET 网络，那是因为网络中的设备应用 PROFINET 协

议来传输数据。有方案号称是 PROFINET 技术，那是因为方案中用到了带
PROFINET 功能的设备。还有的说自己 PROFINET 系统，那是因为使用带有
PROFINET 功能设备通过网络连接构成了现场总线系统。但不管是什么样的
PROFINET，带有 PROFINET 功能的设备就可以分为 IO 控制器、IO 设备和 IO
监视器三种设备类型（见图 3-2）。

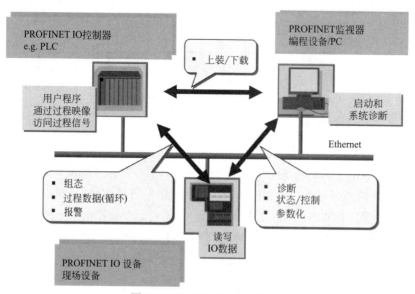

图 3-2　PROFINET 设备类型

　　PROFINET IO 控制器通常是负责控制 IO 系统的 PLC，IO 设备通常是传感
器或执行器之类的现场设备，IO 监视器是运行组态编程工具的平台（PC），也
可以是进行网络诊断的工程工具平台。这里你还有疑问："图中不止这三样设备
呀？"是的，这三样是分布式外设所包含的设备类型，其他图标要么属于网络
连接设备，要么属于普通 IT 设备，要么从某些功能角度上讲也属于上述三种类
型。熟悉现场总线的诸位工程师可以类比一下 PROFIBUS DP 帮助理解，有的国
外文档也会将设备类型说成是角色（role）。

　　即使不熟悉现场总线的哥们儿也没有关系，我们可以通过另外的方法帮助
理解：一个 PROFINET IO 系统好比是一个项目，项目中有诸多角色，但大致上
有以下三个角色会经常"出镜"，这就是项目经理、员工和客户，他们之间也会
产生诸多的联系（见图 3-3）。

PROFIBUS DP	PROFINETIO	项目角色
DP一类主站	IO控制器	项目经理
DP从站	IO设备	员工
DP 2类主站	IO监视器	客户

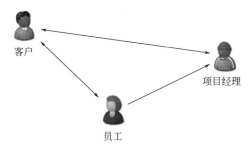

图 3-3 设备类型与项目角色的对比

① 客户会提出项目要求（Parameters），不定期地询问进度情况（status），随时提出一些意见（system diagnosis）；

② 项目经理将任务分配给不同的员工（Configuration），定期获得员工反馈，修正原来不太合适的计划（Process data），并且交给员工执行，处理一些棘手的问题，通过这些方法保证项目进度；

③ 员工就像是项目的传感器与执行器，将项目情况定时汇报给项目经理（Input），并执行项目经理的各种指示（Output），遇到自己处理不了的麻烦事情要即使上报（Alarm）给项目经理。

3.2.1 IO 控制器

IO 控制器（见图 3-4）相当于电脑硬件中的中央处理器，其通用模型包含一个 PLC 程序、所有输入和输出数据。PROFINET IO 控制器的主要任务是从获取现场设备的输入，经过控制器程序处理后，再输出所有数据。IO 控制器（PLC）的运行特点就是：以更新时间为间隔，周期性地获取输入数据，再以一定时间

图 3-4 IO 控制器

间隔运行自身的PLC程序，然后以更新时间为间隔，周期性地发送输出数据。更新时间决定了PROFINET IO系统的响应时间。

3.2.2 IO 设备

IO 设备（见图 3-5）相当于电脑硬件中的鼠标、键盘、光驱等输入输出设备。而随着自动化系统的控制方式的变化，IO 设备变得越来越智能化。

图 3-5 IO 设备

3.2.3 IO 监视器

如果按照字面意思去理解，想当然地以为 IO 监视器应该就相当于显示器，那就不对了。其实显示器属于输出设备，而 IO 监视器是运行组态和诊断功能的编程设备或 PC，正如前面所说像客户，貌似地位特殊啊。

星际争霸网络对战往往需要一个电脑创建游戏，其他玩家加入这个游戏，另外如果是专业游戏比赛的话还会有一台计算机作为旁观者，能够看到所有玩家的游戏状态，但是不能参与者操作游戏角色。如果将 PROFINET IO 系统看成这个局域网游戏，那么创建游戏的电脑就作为 IO 控制器，其他加入游戏的玩家就作为 IO 设备，而旁观者就是 IO 监视器。图 3-6 罗列出了所有带 PROFINET 功能的组件。

3.2.4 通信服务

如果只有图 3-6 罗列的各种 PROFINE 组件"角色"，仍是不能构成 PROFINET 系统的，还必须有 PROFINET 通信服务（见图 3-7），再通过网络连接才算构成一个现场总线系统。就像拍电影光有角色，哪怕角色全都是大牌明星是不行的，还得需要剧本。PROFINET 通信服务包括三个不同的关系。

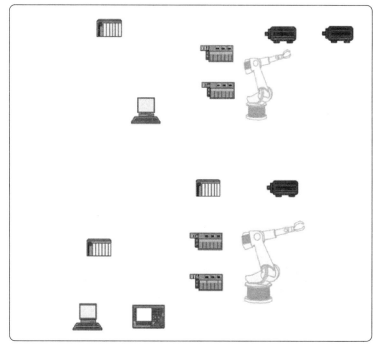

图 3-6　所有带 PROFINET 功能的组件

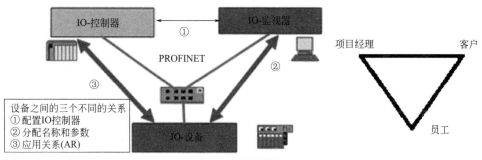

图 3-7　通信服务

　　我们还是将一个 PROFINET IO 系统当作一个项目，由于一个项目中有客户、项目经理和员工，这些角色之间自然就产生了方方面面的关系（AR），每种关系需要通过某些行动（CR）来维系，比如说客户和项目经理（员工）是甲方乙方的关系，项目经理和员工可以是上下级关系、合作关系或者还有其他关系，但最基本的还是甲方乙方和合作关系。对于甲方乙方关系，客户会给出项目的要求和条件（参数化），提出更改意见，乙方会响应甲方的需求等（非周期数据交互）；对于合作关系，员工该汇报时按时汇报，该执行时严格执行（IO 数据），遇到克服不了的困难及时报告（报警），经理严密控制项目质量和进度，对于困难想办法去解决或者沟通。

PROFINET IO 系统会为不同类型的设备定义不同的应用关系（AR），用于实现不同的功能，完成相应的操作。每个应用关系（AR）可能包含以下的通信关系（CR），见图3-8：

① 用于周期型通信的 CR；

② 用于非循环记录数据 CR；

③ 报警事件 CR。

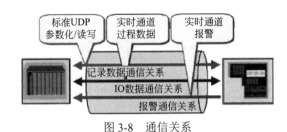

图 3-8　通信关系

3.2.5　PROFINET IO 系统

如果说一个项目是由角色组成，靠角色之间的关系来推进，那么一个 PROFINET IO 系统就是由不同类型的设备组成，以及靠相互关系来运行的。

PROFINET IO 系统中至少需要一个控制器和一个设备，也可以是一个控制器多个设备，多个控制器和一个设备，多控制器多个设备。这四种角色组合用现实工作来解释其实很好理解：小项目就需要一个经理一个员工；普通项目就一个经理领导多个员工；有时候一个员工也会面临多头领导的困惑；有的项目为了保证不会因为缺少某人而出问题，就需要安排多个人手和至少两个领导，这样可以做到以防万一。

IO 控制器和 IO 监视器可以在 IO 设备之间建立一个或多个 AR。一个 IO 设备可以与多个 IO 控制器交换数据。为了实现系统冗余，可以一个 IO 系统定义多个 IO 控制器，一个是"主控制器"，另一个是"备用控制器"，而且还可以定义，如表3-1所示。

表 3-1 PROFINET IO 系统组成

项目	PROFINET IO 系统	组成	说明
共享 IO 设备	控制器1 控制器2	多个 IO 控制器连接一个 IO 设备，一个控制器使用设备的部分的输入输出，另一个控制器使用其它的输入输出	相当于这个员工相当能干，同时参与了多个项目，属于能者多劳型
共享输入	控制器1 控制器2	多个 IO 控制器读取同一个 IO 设备的同一个输入模块	该名员工也许是个苦主，需要同时向多个领导汇报工作，也许要挨多次骂
IO 控制器冗余	主控制器 备用控制器	一主一备的控制器连接 IO 设备，同一时间内一个控制器是"主控制器"，另一个控制器是"备用控制器"。	冗余 IO 控制器提高了系统的可用性。两个 IO 控制器使用相同的配置，这种情况就相当于美国总统与副总统的搭配

3.3 一致性类别

在我上大学的时候，攒机是一件十分讲究的事情，一些熟悉攒机的同学都成为众人心目中的电脑专家。我记得本科时班上就有一个同学，他能根据你对电脑的需求将各种配置组合讲得头头是道，大家要买电脑都找他拿主意，所以他认识很多女生，这让咱们一群笨嘴笨舌的理工科男生羡慕不已。

电脑城的导购也是干这个的，我每次经过珠江路（南京市里著名的电脑一条街），就会被导购的热情所感染，就会停下来听上两句。一般攒机的过程是这样的：导购会拿出一张表格，上表罗列了 CPU、主板、内存、显示器、硬盘、网卡等基本项目，然后问你对电脑的功能定位以及心理价位，再根据你的想法推荐相关的 CPU、匹配的主板与内存，如果你需要玩 3D 游戏，那么导购会再推荐显卡，以及高档次的音响设备，当然还会带上价格不菲的键盘与鼠标，配件型号确定后会记录到表格中，然后计算总价，如果你觉得价钱合适就付钱等着拿电脑了（见表3-2）。

表3-2 电脑配置

配置	品牌	价格
CPU	Intel 酷睿 i7	1250
主板	华硕 P8Z68-V LX	999
内存	芝奇 8GB	380
硬盘	希捷 Barracuda 1TB	650
SSD	Intel X25-M G3	790
显卡	影驰 GTX550	799
机箱	雷霆标配	269
电源	EPS450ELA	348
散热器	铁塔豪华版	199
显示器	优派 VA2333-LED	959
键鼠装	金河田 S3098	98
音箱	金河田 S3098	158

闲扯了这么多，大家一定在嘀咕：一致性类别是什么？和配电脑有什么关系呢？

3.3.1 什么是一致性类别

一致性类别（应用类别）就是根据功能范围的不同将 PROFINET IO 组件（包括控制器和设备）分为不同类别，这样工程师可根据功能需求或使用场合来选用不同生产商出品的 PROFINET IO 组件，而且可以保证选择的设备具有互操作性和开放性。就像攒机时你不会只拿一家配件供应商的产品，而是根据你对于电脑的用途和喜好，挑选不同配件生产商的产品来组合成性价比高的电脑。

根据一致性类别选择 PROFINET 设备就相当于根据性能选择电脑的配件，首先需要知道一个 PROFINET IO 系统大致需要哪些设备组成，然后根据实际需要选择性能合适的设备，甚至对性能要求苛刻的还需要最高等级的类别，符合相同一致性类别的控制器、设备或者监视器可以构成一个 PROFINET IO 系统，也就是一致性范围（domain），最后也许需要将若干这样的 PROFINET IO 系统组成生产线控制系统。就像你可以选择高档一点的 CPU、内存和主板，而显示器选小一点的，键盘、鼠标什么的挑便宜一些的，这样配出来的电脑系统也能运行得不错。

如图 3-9 所示，不同一致性类别的 IO 系统组成了一个大的生产线系统，其中 1 号框内的系统要用于运动控制，需要最高等级；2 号框内的系统一致性类别满足过程控制的要求；3 号框内的系统满足较低的一致性类别。简而言之，一致性类别是按照功能大小和实现要求的不同给 PROFINET 设备进行分类。

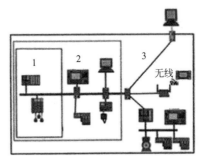

图 3-9　一致性类别区域

3.3.2　一致性类别选项

图 3-9 可以看到三种一致性类别（CC）选项，也是 IEC61784-2 标准定义的 PROFINET 三种一致性类别。用户可以根据自身的需要选择 PROFINET 一致性类别所包含的最基本的功能。同时，这些最基本的功能也是 PROFIBUS 国际组织（PI）认证的最基本项目。

了解 PROFIBUS 总线的朋友，可以将一致性类别的三种类别与 PROFIBUS DP 的三个版本联系起来，DP 版本分为 DP-V0/V1/V2，V0 是基本功能而 V2 功能最强。不了解总线的也没有关系，可以将一致性类别看做驾驶证的 A、B、C，只是驾驶证是 A 照最牛而一致性类别是 C 级最牛。

一致性类别（CC-A、CC-B、CC-C）就是在通信类型（TCP/IP 和实时通信）、所用的传输介质、冗余性能这些基本功能上进行扩展，就像驾照 A/B/C 基本功能就是开小汽车，而在准驾车型大小上进行扩展。

①CC-A：涵盖了工厂自动化的基本要求，既可以使用以太网布线，也可以使用无线网络，可以集成现有的现场总线（PROFIBUS、INTERBUS、DeviceNet 等）。

②CC-B：过程控制，交换机和电缆必须满足 PROFINET 的最低要求，例如需要有带屏蔽的电缆，确保满足电磁兼容性（EMC）。

③CC-C：运动控制，并且需要时间同步，所有设备都要以相同的时间运行。

如果你的领导是个老外，教你点和他沟通的技巧：在给领导汇报工作时，尽量用表格来列举事项，你的领导一般都会喜欢这种方式，也会对你的工作表示认同，即使你的工作并没有太多的进展。现在笔者将一致性类别选项以表格的方式呈现（见表3-3），希望大家也会喜欢。

表 3-3　一致性类别

一致性类别	CC-A	CC-B	CC-C
基本功能	PROFINET IO 实时通信 循环 I/O 数据 参数 警报	PROFINET IO 实时通信 循环 I/O 数据 参数 警报 网络诊断 拓扑信息	PROFINET IO 实时通信 循环 I/O 数据 参数 警报 网络诊断 拓扑信息 硬件支持预留带宽 同步
设备类型	控制器、设备、交换机、无线接入点（AP）、无线客户端	控制器、设备	控制器、设备
介质	铜线 光纤 无线通信（WLAN、蓝牙）	铜线（100Mbps） 光纤（100Mbps）	铜线（100Mbps） 光纤（100Mbps）
总线同步	无	无	有
实时等级	RT_CLASS_UDP RT_CLASS_1	RT_CLASS_UDP RT_CLASS_1	RT_CLASS_UDP RT_CLASS_1 RT_CLASS_2 RT_CLASS_3
实时通信	实时	实时	实时、等时实时
多播	无	发送方有	发送方有
冗余	冗余级别 1 级（可选）	冗余级别 1 级（强制） 冗余级别 2 级（可选）	冗余级别 1、2、3 级（强制要求）
循环周期	> 8 ms	> 2 ms	> 1 ms
协议	DCP、CM、RTC、RTA、ARP、ICMP	包括 CC-A 所有协议、SNMP、LLDP	包括 CC-B 所有协议、MRP

续表

一致性类别	CC-A	CC-B	CC-C
布线与内部连接技术	无	有	有
网络硬件	标准以太网	诊断和拓扑检测	专门的硬件支持
拓扑发现	可选	有	有
SNMP 实现网络管理	可选	有	有
应用	基础设施自动化	过程控制	运动控制

3.3.3　如何根据一致性类别选择设备

自动化工程师在构建工厂生产线时，对一个 PROFINET IO 系统只需要选择同样一致性类别的设备，PROFINET 协议文本中有选择流程与步骤，如图3-10所示。其中每个菱形内都是选项＝＝选择的依据条件，如果满足就是 y，否则就是

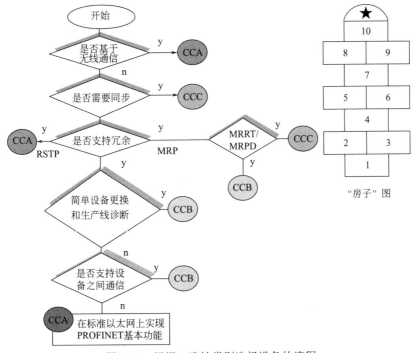

图 3-10　根据一致性类别选择设备的流程

n，当流程进行到一个圆圈所示的CCA、CCB和CCC时，说明选择结束，可以确定设备所属的一致性类别。

其实每次看到这幅图，就会越觉得根据一致性类别选择设备的步骤，就像小时候玩"跳房子"游戏的过程，先画一个由各种形状（如方形、圆形、三角形等）组成的"房子"图形，也是按照数字顺序跳，当跳跃落地时踩到房子的方格线，这次游戏就结束了。

因为准确的流程图是英文版，初看这个流程图会感觉有点抽象，其实将一致性类别的各种功能、要求、依据、条件稍加整理后，如表3-4所示，可以使选择一致性类别的依据看起来像依据配置选择车型。比方说你想选奥迪A1车型，然后根据配置可以很容易看出"进取型"、"舒适型"、"豪华型"或者"旗舰型"等车型之间的差别，其中"●○—"分别表示标配、选配和无，这样你就能按照你的喜好选车了。

表 3-4　车型选择

奥迪 A1 1.4TFSI			
车型	进取型	舒适型	豪华型
真皮运动方向盘	●	—	—
真皮运动多功能方向盘	—	●	●
织物座椅	—	○	—
真皮座椅	—	●	●
前排普通座椅	●	—	—
前排运动座椅	—	○	●
座椅加热	—	○	●
腰部支持	—	○	●
前排中央扶手	—	○	●
定速巡航	—	●	●
音响设备	○	●	●

如表3-5所示，从左到右是一致性类别，从上到下是一些功能、要求、标准

和条件等信息，这里罗列了四种一致性类别，将一致性类别 A 根据物理传输介质进行区别，目的是简化列表，使之更像通常我们所见到的车型配置表。还有就是图中出现的 RT_CLASS_X 是指实时等级，这个概念会在下一节中详细讲述。

表 3-5　一致性类别选项

一致性类别	CC-A 无线	CC-A	CC-B	CC-C
控制器 / 设备	●	●	●	●
RT_CLASS_1	●	●	●	●
RT_CLASS_2	—	—	—	●
RT_CLASS_3	—	—	—	●
RT_CLASS_UDP	○	○	○	○
等时同步				●
无线通信	●	—	—	—
铜线 / 光纤布线	—	●	●	●
IEEE802.3	—	●	●	●
IEEE802.1D		●	●	●
IEEE802.1Q		●	●	●
IEEE802.1AB	○	●	●	●
SNMP	—	—	●	●
MIB	○	○	●	●

3.4　实时性

记得最初接触 PROFINET 技术，无论是网络上的基本介绍，还是相关的论文，与客户讨论工业以太网技术，实时性都是大家关注的重点内容，每次讨论必提及"实时性"的概念和参数等。所以讲清楚实时性是一件很应景的事情，必须要做！

所谓"实时"，就是表示"及时"。实时是平时听新闻经常听到的一个词儿，实时资讯、现场实时报道、实时画面，大家要听资讯就要听新鲜的，过时的消息如同旧报纸，可以去卖破烂了。简单地讲，实时就是指从事件的发生、传播，再到获知，这个过程所经历的时间很短。资讯是否实时包含三个标准：

① 第一是信息是否都到达目标，会不会在传播的过程中出现意外丢失了；

② 第二是信息传播速度快不快，是写信传递信息还是通过无线电通话；

③ 第三是信息好不好理解，比如资讯采用现场直播、图文解说，还是滚动字幕的形式呈现给人感觉是不一样的。

3.4.1 什么是 PROFINET IO 系统的实时性

实时系统是指系统能及时响应外部事件的请求，在规定的时间内完成对该事件的处理，并控制所有实时任务协调一致的运行。

PROFINET IO 系统的实时性就是指当有一个外部事件发生时，从输入信号到传输、到控制器处理、再到输出信号给外设，这个过程需要的时间必须在工厂自动化的要求范围内。而这个过程需要的时间称为响应时间，包括传输过程需要的时间和处理过程需要的时间，分别为总线刷新时间和 PLC 程序循环扫描时间。所以从通信角度讲，只有总线刷新时间是通信所决定的，也就是说在同样的 PLC 处理速度下，如果能减少总线刷新时间，就能减少系统响应时间，从而提高系统实时性。

PROFINET 为了满足不同场合对系统实时性的要求，从响应时间的角度定性地区分出三种类型的通信——非实时、实时、等时实时，图 3-11 是三种自动化控制场合对系统响应时间的要求。表 3-6 为三种通信方式的说明。

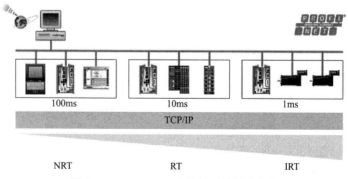

图 3-11　PROFINET 支持的三种通信方式

表 3-6　三种通信方式说明

序号	通信方式	响应时间	应用场合
1	TCP/IP 标准通信	100ms 量级	信息系统
2	实时通信	< 10ms	传感器、执行器间的数据交换
3	等时实时	< 1ms	高性能同步应用，运动控制

3.4.2　普通以太网不具备实时性

以太网具有世界统一的通信标准，几乎用到了办公通信中各个地方，工业领域的工程师们早就想将以太网经用于现场设备的总线连接，以及与上一级系统的连接。但是普通以太网自身具有一些固有的缺陷限制了其在工业领域的应用范围，一个突出的原因就是普通以太网不具备实时性。为什么说普通以太网不具备实时性呢？

其实我们根据资讯是否实时的标准推断，网络系统要满足实时性的要求，也可以从这三个标准进行分析——确定性、快速和通信协议。

（1）确定性

普通以太网的介质访问方式是 CSMA/CD，即带冲突检测的载波监听多路访问技术，这是什么意思呢？

就是指每个连接在网络中的设备都在不断地侦听传输介质上的信号，当听到介质空闲时，开始发送数据。每个设备都有一个唯一的硬件地址，如果报文中的目的地址与自己的硬件地址一致，则报文被对应设备接收下来。如图 3-12 所示，为了避免碰撞，节点发送数据也要做到像行人通过斑马线一样的准则，分为一看（检查介质是否可用）、二望（发送的同时也在监听）、三通过（接收机侦听）三步。

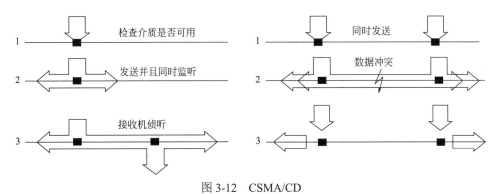

图 3-12　CSMA/CD

随着城市人口不断膨胀，汽车也越来越多，人和车对于道路的争用问题也变得越来越多，于是英国人在街道上设计出了一种斑马线，规定行人横过街道时，只能斑马线。司机驾驶汽车看到这条白线时，会自动减速缓行或停下，让行人安全通过，从而避免交通事故的频频发生。

同样在多个设备要发送数据时，就会出现介质访问冲突的问题，就是说如果几个设备同时开始传输数据，那么就会产生数据冲突。这种现象直观的理解就是——当你打电话给一个正在通话的号码，会得到"用户正忙，稍后再拨"的提示。

如果检测到冲突，发送取消数据的传输。此后，所有设备等待一段随机时间，然后进行尝试第二次发送，这就是所谓的退避策略。

通俗一点讲，CSMA/CD可以概括成：先听后发、边说边听、若有碰撞就不发、退避重发、碰撞16次后不发。介质访问冲突的节点范围称为冲突域。这种介质访问冲突与争用会导致设备发送的数据有可能在发送的过程中丢失，做不到DHL承诺的一样"使命必达"，也就说普通以太网不满足"确定性"的标准。

（2）传输速率

IEEE802.3定义了以太网技术所有的特征，以太网如今已经发展到10Gb/s。自动化通信系统普遍使用100Mb/s以太网技术。

（3）通信协议

以太网的构成包括设备和协议。协议可以理解成机器之间交谈（通信）的规则。普通以太网使用TCP/IP协议，增加了通信的层次，比如说大家看到的是以滚动字幕形式呈现的资讯，然后理解这些文字，再得到其中有价值的信息，这样的话需要花费在理解协议的时间就相应的多了。

综上所述，虽然说普通以太网也会使用100M的传输速率，但这只能说明其满足快速的标准，不能同时满足其他两个标准，所以说普通以太网不具备实时性。为此，各家制造商和组织都在针对普通以太网技术进行扩展，积极开发满足工业要求的以太网技术，比如说西门子和菲尼克斯的PROFINET、倍福的EtherCat、贝加莱的Powerlink、罗克韦尔支持的Ethernet/IP等。

3.4.3 PROFINET 如何实现实时性

有一句话说的是"文艺作品要源于生活而高于生活"，想必大家不会陌生。PROFINET是基于工业以太网的，这句话可以说得文艺范一点儿：PROFINET

是源于以太网而高于以太网的。那么，PROFINET 是怎么做到"高于以太网"的呢？

要做到比普通以太网犀利，重要的是 PROFINET 要做到实时性，而要做到实时性，首先就要解决确定性的问题。前面提到普通以太网会出现介质访问冲突的问题，不满足"确定性"的标准。那么一般解决冲突的方法有哪些呢？

① 既然 PROFIBUS 总线和 PROFINET 关系密切，先看看总线是如何解决的吧。PROFIBUS 的通信方式是主从式，使用"令牌"控制，就像十字路口交通信号灯的作用；

② 可以想办法改进普通以太网所用的 CSMA/CD，或者无线局域网（WLAN）所使用的 CSMA/CA；

③ 广域网中使用信道复用，分为频分复用（FDM）和时分复用（TDM）。频分复用将一条高带宽的信道划分成带宽较小的多个信道，就像在一条公路上划分出多个车道；时分复用通过把通信数据包分配在不同时隙进行传输来实现信道复用。

PROFINET 的通信方式是生产者 / 消费者，各个通信节点是平等的，随时都可以收发数据，所以总线的那种"令牌"控制不能适用，只能在后两个方案中想办法。从而也造就了前面所提到的 PROFINET 不同于 PROFIBUS 的地方。

（1）交换技术

普通以太网设备有可能会出现数据碰撞，也就是所谓的 CSMA/CD 造成了数据发送的延迟，从而不能保证通信的确定性，也就无法谈及通信的实时性。而且前面提到冲突域的范围是有大小的。普通以太网使用传统的交换机（switch）或者是集线器（Hub）构成局域网，使用集线器连接使得整个局域网都是一个数据的冲突域。那是不是可以再从冲突域的角度对普通以太网改进一下，以彰显 PROFINET 的"先进性"呢？答案是肯定的。

PROFINET 采用支持 IEEE 802.Q 标准的交换机，或者 PROFINET 设备本身就集成一个带交换功能的双网口，使得同时有多个设备和一个设备所使用的带宽都是一样（100M），这样数据冲突的区域缩小到设备本身的区域内。因为端口可能有多个用户与该端口连接的用户通信，有可能发生介质访问冲突，支持 IEEE 802.Q 标准的交换机还采用了带有优先级的方式安排发送顺序，于是将冲突域缩小到一个具体的端口，从两个方面大大缩小了数据冲突区域，确保了通信的确定性。

打个比方说，在两条道路交汇的十字路口，东南西北四个方向的车不可能同时通过，得通过交通信号灯来进行指引，交换机相当于建了个立交桥，甚至是多层立交桥，使得多个方向的车辆能够同时通行。而在局域网中使用支持IEEE 802.Q 标准的交换机，将通信网络搭建得像沪宁高速公路一样，在一个方向中划分出多个车道（双向8 车道），并且规定大车一般不得占用内侧的车道，不仅大大提高了通行效率，而且行车的安全性也大大提高了。

（2）循环通信

如图 3-13 所示，对于由控制器、设备组成的 PROFINET IO 系统来说，工作的方式就是输入、处理、输出，这一过程循环往复，周而复始。处理是循环的，T1 是 PLC 程序的循环扫描时间；而且通信也是循环的，T2 是总线刷新时间，也就说每个循环周期（Cycle1…n），控制器与设备之间会进行通信。从这个角度说，PROFINET 运用了时分复用的概念，这将大大提高整个网络的通信效率。时隙这个话题将在后面的章节中详细描述。

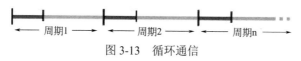

图 3-13　循环通信

（3）精简协议栈

前面提到 PROFINET IO 系统是循环通信的，在一个周期内（总线刷新时间）做的事情无非是发送与接收，包括以下过程：

① 在生产者的应用程序中创建一个变量；

② 通过 PROFINET 通信报文的形式将该变量发送给通信伙伴（消费者）；

③ 在消费者的应用程序中再次获得该变量。

这个过程所花费的时间如图 3-14 所示，是 T1 到 T5 的累加，详细说明如表 3-7 所示。

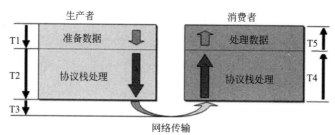

图 3-14　PROFINET 报文传输过程

表 3-7　通信传输过程各个环节所花费的时间

时间	详细说明
T1	生产者提供数据的时间，该时间与报文传输时间无关
T2	PROFINET 报文通过生产者（发送端）通信协议栈所需的时间
T3	PROFINET 报文传输的时间
T4	PROFINET 报文通过消费者（接收端）通信协议栈所需的时间
T5	消费者处理数据的时间，该时间与报文传输时间无关

普通以太网通信使用 TCP/IP 协议，设备处理报文的时间是 ms 级别。对于 PROFINET 实时通信来说，PROFINET 使用 100Mbps（快速以太网）的传输速率，以传输一个最长的 PROFINET 报文 1522 字节为例，其传输时间 T3 大约是 125μs，与采用 TCP/IP 协议报文的处理时间相比，传输时间 T3 是很短的。于是，要缩短刷新时间，最有效的办法就要精简通信协议栈，也就是缩短 T2 和 T4。这种简化信息接受难度的做法就像鄙人当年逃课收看 NBA 总决赛的现场直播，现场画面和主持人的讲解让人能很快、很直接、很"实时"地感受到现场气息，获得身临其境的效果，让鄙人看完比赛后会意犹未尽、得意洋洋地向老老实实上课的球迷同学炫耀。如果当时只有文字直播，需要花一些时间通过文字理解去想象比赛画面，你觉得还有必要逃课去当铁杆球迷吗？

另外，PROFINET 精简了通信堆栈的结构，对于时间要求苛刻的数据采用特别报文及协议，不使用 TCP/IP 协议栈处理，从而大大缩短了通信时间，保证了通信的实时性。这也属于实时报文类型，将会在后面章节将会详细描述。

总而言之，PROFINET 采用精简的通信堆栈结构，100Mbps 快速以太网，使用交换机或带交换功能的设备，带有优先级标识 VLAN 标签的报文，还有就是其循环通信的协议机制，这些是 PROFINET 实时的原因。

3.4.4　PROFINET IO 系统的实时等级

在工业自动化应用中，对时间要求苛刻的数据通常是周期性地传输。于是，实时通信就包含两个方面内容，首先是在很短的周期内快速响应，其次是抖动，就是指每次刷新时间会有细微的差别。实时性对于通信周期和抖动的要求根据应用场合不同而不同，对于过程仪表来说通信周期大于 100ms 也算实时（抖动甚至有几十毫秒），对于工厂自动化来说，实时就要求通信周期在 1 ～ 10ms（抖动小于 1ms），而运动控制则要通信求周期小于 1ms（抖动小于 1μs）。

正所谓众口难调，比如说温度控制，通信周期在秒级就够了，太快了完全没有必要；而工业机器人就不行了，通信周期得在微秒级别，慢了的话这个机器手臂动起来就别扭了，比如说周期是 1s，你会看到哪怕是做一个自由度的动作，机械手都是一顿一顿，像迈克尔·杰克逊在跳"太空舞步"。

没困难要做，有困难克服困难也要做！为了解决"众口难调"的困难，PROFINET IO 在实时通信的基础上再定量地区分出四种实时等级，用户可以根据工业自动化应用领域的不同，选择满足现场实时等级要求的设备。如表 3-8 中所示，四种实时等级的特点和要求是不同的，其中 RT_CLASS_UDP 是一个可选等级，可以看成是周期性的 UDP 通信。

表 3-8　实时等级

实时等级	RT_CLASS_1	RT_CLASS_2	RT_CLASS_3	RT_CLASS_UDP
总线周期	8 ～ 2ms	1 ～ 2ms	<1ms	不限
范围	子网内	子网内	子网内	不限于子网内
非同步数据	Y	Y	N	UDP
同步数据	N	Y	Y	N
等时同步数据	N	N	Y	N
硬件支持	N	N	Y	N
PTCP	N	Y	Y	N
VLAN 标签	Y	可有可无	N	N

3.5　防护等级

大家一般都是在宿舍里玩电脑或者联机，这种办公室环境本身就是一种对笔记本电脑和网络设备的防护。而大家在看一些军事题材的关于特种兵的影片时，看到众多身手矫健的特种兵中往往都会有个把电脑高手，所使用的笔记本电脑裹着特有的迷彩颜色的厚厚外壳，而且在野外严酷的环境中也要随时拿出来使用，相信这些电脑肯定经过特殊设计处理，能够在野外环境使用。所以普通笔记本和特种兵使用的笔记本有不同防护要求上，当然也要有不同的防护处理。

工业现场在许多人眼里，往往是一幅以机器、设备、油污和粉尘为代表的画面，鄙人曾经在上海大众汽车生产线现场调试过设备，头戴安全帽，身披工作服，一天下来满身油污，这段经历一直印象深刻。所以在工业现场使用的设备更类似于特种兵使用的笔记本，需要考虑防护处理，最起码要需要考虑电磁兼容性、温度、防尘防潮以及机械质量等因素，甚至要想到最苛刻的现场环境，所以根据不同的产生环境需要不同的等级防护。

图 3-15　防护等级

防护等级（见图 3-15）用英文缩写 IP 表示，后面跟着两位数字，前一位表示防尘的范围，最高级别是 6；后一位表示防水等级，最高级别是 8。数字越大表示越强。

一般是以有无控制柜保护作为两个典型防护的标准，其中相关标准如表 3-9 所示。

表 3-9　防护等级要求

安装类型	控制柜保护	无控制柜保护
防护等级	IP20	IP67
是否防潮	无	防水
环境温度	0 ～ 60℃	−20 ～ 70℃

3.6　其他要求

根据以上条件和要求选择好设备后，已经为搭建生产线控制网络开了个好头。这里要稍微啰嗦两句，工厂生产线可不比宿舍游戏，工业的要求总是特别讲究，远比玩功夫茶复杂；工业的产品一般都特别贵，让不少国内企业咋舌；工业的标准总是特别苛刻，讲起来要复杂一些。这时工业标准听了不乐意了，抱怨说："军用标准比俺还挑剔呢！"

言归正传，在选好设备后还需要考虑位置布局，功能进行分组。

位置布局通常是根据邻近布局的原则。熟悉项目概要、生产线电气原理图、布局图。每个设备和组件需要合理摆放，例如可以根据以下条件考虑设备布局和位置摆放：

① IO 控制器应该使用单独的交换机连接，尽量离 IO 设备近一点；

② 远程 IO 设备摆放位置应该靠近现场，或者离控制柜远一些；

③ 控制面板最好能靠近现场，而显示面板则最好能离现场远一些，从而实现远程监控。

摆放好设备后需要功能分组，就是根据功能范围的不同进行分类，这样可以保证设备具有互操作性，这也是从一致性类别的角度划分范围。从这一点可以看出"物以类聚，人以群分"的道理在工控行业也是适用的嘛！

3.7 小结

经过本章的讲述，大家看到了 PROFINET "秀肌肉"，也许会觉得 PROFINET 太灵活了，可以按照不同条件分成许多种类别，满足不同层次的控制要求和通信需要。这同时也印证了 PROFINET 的全面，也是能够实现 "一网到底"的原因，所以说 PROFINET 的特点概况来说应该是全面性和灵活性。其实这个特点与西门子工业自动化、菲尼克斯电气公司的特点倒有点一脉相承的感觉，就是都是拥有涵盖整个工业自动化各个方面的产品，都能够提供灵活的、客户化定制的技术方案，满足整个工厂自动化网络的各个层次。

根据以上条件选好 PROFINET 设备后，自动化工厂就是如图 3-16 所示。可以看出现场有两条生产线，有以下特征：

① A 生产线由一个 PROFINET IO 系统组成，组成了一个一致性类别 B 的区域，有 IO 控制器和 IO 监视器各一个，有 IO 设备若干；

② B 生产线由两个 PROFINET IO 系统组成，其中一个选择了一致性类别 B 的设备，包括监视器和控制面板，另一个系统组成了一致性类别 C 的区域；

③ 对于生产线 B 中的两个控制器，两者之间还需要一些通信配合，两条生产线各自作为一个自动化信息岛，有数据需要交互，就是前面提及的 PROFINET CBA 通信；

④ 生产线控制系统通信作为现场层，与控制层、管理层也有数据传输。

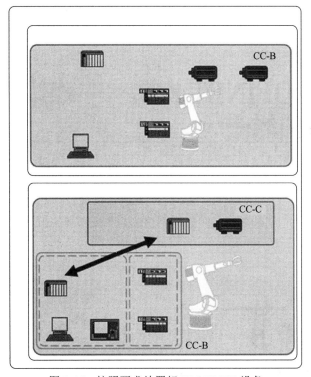

图 3-16 按照要求放置好 PROFINET 设备

怎么样，选好了设备的一条生产线像不像配好各种元件的电脑？好了，现在你可以让自己的电脑主机接好显示器、鼠标、键盘，先安装一些游戏过过瘾吧，毕竟这是个新玩具，可以新鲜好几天。等大家过足了单机游戏的瘾，想联机玩游戏时，我们再讲怎么安装网络。

④ PROFINET 安装——连线中，请稍候……

在安装之前，笔者先讲一个由真实事情改编的故事（见图4-1），算是一道开胃菜。

图4-1　由一个电源连接所引发的故事

刚上大学没多久，就遇到件头疼事。周末晚上有德甲球赛，但晚上9点后宿舍断电，而只有辅导员宿舍有电，但他不喜欢看球，这让咱们这些喜欢看球的同学羡慕嫉妒恨呀。

为了迫切改变这个状况，球迷们决定想办法解决。有人仔细勘察了一下地形，发现我们宿舍和辅导员宿舍斜对门，于是大家顿时来了精神，感觉有希望了，只要能从辅导员宿舍的电源接出来就行！然后，发动群众东挪西凑找来几个接线板，怀着兴奋的心情把接线板两两连接，并用几包香烟和一顿饭打动辅导员，让我们能从他宿舍接电出来，周末果然可以看球了！不过，这种多接线板相互连接的方法显然没什么技术含量，电线很容易被来来往往的同学踢断。

一周后，球迷们开始蠢蠢欲动，我们也改进了相关的连接——买一个高级的、电源线很长的接线板，而且将电源线沿着门梁上方布线，从而避免连接线被踢断，走线尽量不要那么显眼等。想着周末所有人只能央求着在我们这里看球，别提有多得意了。

后来，没球看的大多不甘心，都到我们宿舍看，只是年轻人看球的心情可想而知，只听得陆续传来尖叫声、吼声："好球！""这谁啊？""什么情况？""臭脚！"看球的骚动在夜晚的环境里显然越发清晰。因为影响了别人休息，辅导员切断了我们的电源，周末愉快的看球时间没有了，同学们纷纷洗洗睡了。

要想接着看球，不仅要说服辅导员，做好连接，而且要制定看球的规矩并且遵守协议，比如说只能周末看球、看球时动静要小、不能旷课等。

故事虽小，意味深长——安装与连接是非常重要的，既需要硬件作为基础，做成强大的连接，也需要一定规矩，做成智能的连接。

4.1 安装概述

前面讲述了如何选择设备来组成生产线控制系统，经过一番折腾后，PROFINET 设备和网络组件都有了，位置也确定下来，下面就应该介绍如何连接 PROFINET 网络。

大家玩了几天单机游戏，想必蹂躏电脑的兴趣在悄然减退，大家的兴趣应该转移到考虑怎么使用网线和交换机进行联网游戏了吧？宿舍内联网当然要解决两个问题——怎么连接（how）与拿什么连接（what）。怎么连是讨论方案问题，讲的是网络拓扑和连接方法；拿什么连是选用器材问题，讲的是网络设备。因此，本章将会按以下的顺序展开：

① 网络安装需要先了解网络拓扑结构；

② 需要了解传输介质，也就是电缆、光纤、连接器与无线通信；

③ 很多情况下会使用交换机；

④ PROFINET 网络安装的规则。

好了，惊堂木一敲，大家小板凳坐好，且听笔者慢慢道来。

4.2 网络拓扑

联网毕竟是连接很多台电脑的问题，接错了线就意味着玩不了 Dota，众多电脑的网口如何接线事先得合计合计。就像盖房子先要画设计图纸，装修先要讨论设计方案一样，在接线之前也要熟悉设计网络的结构，也就是网络拓扑。拓扑结构很像是装修中的水电图，告诉你各条线路是如何走线和连接的。常见的拓扑结构有线形（菊花链）、星形、树形、环形。下面来详细介绍一下各种网络拓扑结构。

4.2.1 线形拓扑

线形拓扑主要体现在宿舍的两台电脑进行双机互联（见图 4-2），一般用于玩家单挑。双机互联的意义是深远的，让大家第一次体会到网络对战的魅力，

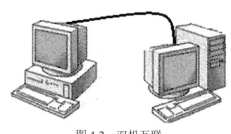

图 4-2 双机互联

原来游戏可以这么玩，正所谓"与人斗其乐无穷"，网络对战比起单机游戏只能蹂躏电脑来说不知道要刺激多少倍。这种结构只用一根网线连接两台电脑，但对于当时的电脑来说，由于网卡不支持自动交叉，所以这种双机互联需要使用交叉网线。这种拓扑连接简单，花费是极少的，比较适合于游戏单挑，只是能一起玩的人数太少，不能适应魔兽或 CS 等需要很多人一起参与的游戏，所以逐渐升级到后面的拓扑结构了。

不过工业现场使用线形网络不太一样，因为每个 PROFINET IO 设备会有一个带交换功能的双网口，所以很多台设备可以依次连接形成"菊花链"，适合搭建工业流水线，不过使用这种拓扑结构要注意的是，网络中间的节点故障会影响后续节点通信。

如图 4-3 所示，控制室监控有一个过程控制系统，配有一个电器柜，安装有交换机和 IO 控制器。由于现场过程控制区域广大，因此选用若干集成交换功能的双端口 IO 设备，采用线形拓扑连接，从而可以减少布线所用的电缆。

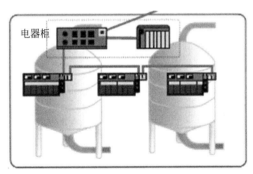

图 4-3　线形拓扑示例

4.2.2　星形拓扑

星形拓扑可以想象成大家的电脑都连接到一台交换机上玩 Dota 或 CS，这是当时主流的宿舍联网游戏的接线方式（见图 4-4）。通过一段时间的对战修炼，产生了一些单挑高手，而高手终归是寂寞的，菜鸟也不愿总是被虐，于是增加参与人数和游戏胜负的不确定性的呼声越来越高。这种需求促进了宿舍网络的发展，多人参与、团队作战、高低搭配成为游戏的宗旨，而这一切都需要将很多电脑连在一起，解决办法就是在一个宿舍中使用交换机搭建一个星形拓扑。

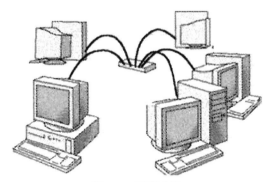

图 4-4　星形连接

而对于工厂自动化来说，当设备靠得比较近时，比如设备都安装在控制柜中，适合使用星形拓扑。使用交换机连接各个终端，用于短距离的区域，如小生产单元或机器。而这里的交换机就显得极其重要，坏了这个玩意儿就不好玩啦，使用工业以太网交换机提高网络可用性才是上策。

图 4-5 是个典型的星形拓扑结构设计：操作面板和 IO 设备安装在靠近机器的区域，控制柜中是两台 IO 控制器，控制室放置一台工作站。其中一台 IO 控

制器需要精确控制两台驱动器，需要进行同步通信，所以交换机必须支持等时实时（IRT）通信。非 IRT 的 PROFINET 设备也可以连接在基本 IRT 通信的交换机上。等时实时通信会在后面章节描述。

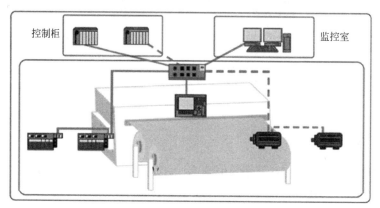

控制柜　　　　　　　　　　　　　　　　　　　　监控室

图 4-5　星形拓扑示例

4.2.3　树形拓扑

随着游戏玩家越来越多，狭小的宿舍很难再容下众多汗渍渍、臭乎乎的男生，想象一下很多男同学打完球顾不上擦拭一把，马上投入到网络混战的场景，当时宿舍可没有空调，只有一个可怜巴巴的吸顶风扇，风力开到最大增加的也只是风扇本身"吱呀吱呀"的噪声，这种场景你懂的。让局域网扩展到好几个宿舍，从而减少每个宿舍游戏的人数已经是迫在眉睫，空间感的需求催生了树形拓扑（见图4-6），它将若干宿舍的子网再连接组成一个大网，这是比较牛 X 的结构，也是当时宿舍局域网的终极模样，可以实现好几个宿舍一起玩，一起大呼小叫，一起"哈啤"（happy）。

这种拓扑结构在工业领域的典型应用就是在组建工厂网络时，连接多个自动化信息孤岛，将几个星形连成一个树形网络，最后构成工厂自动化分层网络。

在图 4-7 所示的例子中：控制器和交换机安装在靠近生产线的控制柜中，所有控制器都能相互通信。由于工厂生产线区域较大，交换机之间通过光纤连接组成主干网。在自动化信息区 A 中，IO 设备更靠近现场，在自动化信息区 B 中，驱动器、IO 设备和 IO 控制面板连接到交换机上。路由器也通过光缆接入主干网，负责和上层网络通信。

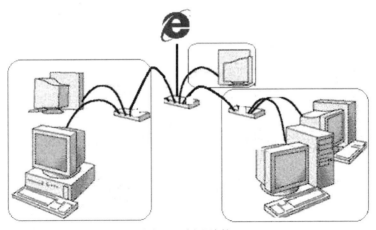

图 4-6　树形连接

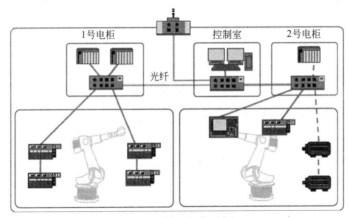

图 4-7　树形拓扑示例

4.2.4　环形拓扑

环形拓扑（见图 4-8）太高大上了，换句话说就是太费钱了，诸位同学的主要任务还是学习嘛，游戏只是业余生活，就算在游戏时万一哪台电脑断线了，又短时间解决不了的话，那么大不了就不联网了，小范围先耍耍，然后慢慢找问题就行了，所以宿舍联网一般不使用环网。

不过对于工厂的大型自动化网络，环形网络就是最佳选择了，因为环形增加了网络的冗余，防止线路中断或故障。生产线控制系统一般会使用若干交换机使用光纤（红线）连接形成主干环网，生产线中的现场设备往往会使用混合的拓扑结构，通过电缆（绿线）、光纤或无线连接，而现场网络和上层网络（企业网）也通过交换机连接。图4-8就是采用环形网作为主干网，使得系统具有的冗余性。

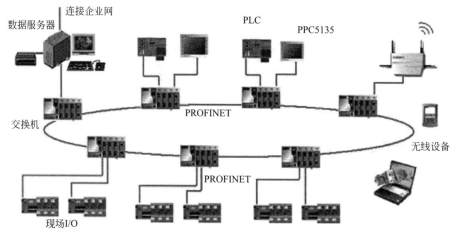

图4-8　环形拓扑

由此可以看出"有趣性"推动了宿舍网络拓扑结构的不断发展，而工业现场网络使用什么拓扑结构需要考虑"可靠性"。

4.3　PROFINET 的传输介质

随着机动车越来越普及，长途自助游成为大家假期放松身心的好办法，因此过去的一个十一黄金周，大伙儿应该又一次体会到拥堵的闹心感觉吧。经常开长途的朋友们都会使用导航或地图来指引方向，国内的道路当然是错综复杂的，不过可以根据以下常识去看地图和找路线：

① 大城市之间都会有高等级公路（高速公路、国道）连接，形成国家的主干路网；

② 城市和乡村之间会通过省道、县道等连接，形成路网分支；

③ 高速公路的交汇处由互通连接，分支道路交叉口也会有立交桥或者十字路口；

④ 每个城市、乡村都要与高等级公路的连接，是通过出入口（收费站）实现。

道路是供各种无轨车辆和行人通行的基础设施，PROFINET 的传输介质是传递相关信息的通路，如果把 PROFINET 的传输介质看成道路，那么互通、立交桥、十字路口就相当于交换机，而出入口就是工业连接器了。

最近参与了一个关于《工业以太网诊断及问题处理探讨》的主题讨论，其中多位工程师各抒己见，让人受益匪浅，获得的一个重要体会就是针对抗干扰性而言，使用工业以太网比 RS485 要强大得多，也比普通以太网要强。这是因为 PROFINET 在接线和安装方面有特殊的讲究，可以满足苛刻的工业环境。

像 PROFIBUS 类似，当在工业现场总线中使用普通屏蔽双绞线时，总会存在各种各样的非正常通信状态，主要原因是普通的屏蔽双绞线的内阻、线间电容等参数无法与 PROFIBUS 规范匹配，这样抗干扰的能力下降，导致通信不利的状况。PROFINET 在使用过程中同样强烈推荐使用绿色网线和金属接头，这样可以降低上述问题发生的概率，由于其屏蔽层与金属接头实现环状接触，且金属接头与设备外壳相接触，抗干扰能力显著增强。

PROFINET 选择哪种传输介质可以从以下角度考虑：设备位置、传输距离、EMC 要求、电气隔离、一致性类别、可靠性、网络负载。尤其在针对比办公室环境更加严苛的工业现场环境时，考虑了诸如温度、湿度、电气、机械等方面，如表 4-1 所示。

表 4-1　办公环境与工业环境对比

环境需求	办公环境	工业环境
温度	适中，波动范围小	严酷，波动范围大
粉尘	低	高
湿度	不潮湿或无水	可能潮湿或有水
振动	不靠近振动源	可能会有振动源
电磁干扰	弱	强
机械因素	低	高
化学危险	无	可能会有油或有害气体
紫外线	无	强
放射性	无	可能会有

下面我们就来看看 PROFINET 用了哪些传输介质，各种介质又考虑做了哪些处理，介质与介质之间用了什么样的连接，才使得能满足苛刻的现场环境。

4.2.1　电缆

估计有人会觉得电缆不就是一根灰色的线嘛，有什么要了解的。考虑到 PROFINET 的特点是全面性和灵活性，那么不太起眼的网线在这里可就不那么简单了。

一般大家最初看到一样事物时，总是会先注意到事物的样子，就像小说中介绍高手时会这样说：宋江在灯下看那武松时，果然是一条好汉。但见身躯凛凛，相貌堂堂。一双眼光射寒星，两弯眉浑如刷漆。胸脯横阔，有万夫难敌之威风。语话轩昂，吐千丈凌云之志气。心雄胆大，似撼天狮子下云端。骨健筋强，如摇地貔貅临座上。如同天上降魔主，真是人间太岁神。真是难为施耐庵先生了，为了让武松出现给领导留下好印象，费老大劲儿了。其实，咱们介绍电缆是什么样子用不着这么费劲儿，看看图4-9就行了。

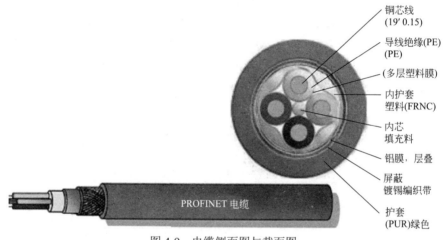

图4-9　电缆侧面图与截面图

同样是省道，开车走不一定都感觉舒服，这是因为路况不同。比如说笔者经常会走S243省道去机场，这条路限速是100km/h，所以走这条省道会有开高速的感觉。而上周走了一次S122省道，路况就不太好，最高只能开50km/h。同理，一样是电缆，但外形会有不同之处，比如说PROFINET导线颜色与普通以太网就不同，那么应用的场合也会不一样。电缆外形介绍如表4-2所示。

表4-2　电缆外形介绍

电缆外形	应用场合	相比基本外形的不同之处
A型电缆	满足大部分自动化要求	图中的基本外形
PE电缆	可以在潮湿环境中使用	外屏蔽层是黑色聚乙烯防护套
接地电缆	有A型与PE的优点	在A型电缆外部附加黑色防护套
拖曳电缆	灵活的机械零件，可防油污	增加机械外力防护功能，导线由细线编织

金庸武侠小说中的人物名字很有讲究，可谓人如其名。而电缆的命名很有讲究，通过名字可以了解电缆的基本特性了，比如说 100BASE-FX，图 4-10 是命名规则。

100 BASE-FX				
100	BASE	F	X	
通信速率(Mbps)	调制方式	传输介质	编码体系	(不是所有都有这一位)

图 4-10　电缆的命名规则

PROFINET 采用铜介质传输数据，保证了电缆类别的一致，能达到 100m 的通信距离，均具有阻燃的特点，分为实心电缆（A 类）、多股电缆（B 类）和特殊电缆（C 类），电阻为 100Ω，环阻小于 115Ω，传输速率达到 100Mbps，4 根线头，分别是白、蓝、黄、橙四种颜色，以及绿色的屏蔽层。如表 4-3所示。

表 4-3　电缆类型

电缆类型	A 类	B 类	C 类
安装	固定	灵活	高度灵活
安装要求	安装后不能移动	允许偶尔移动或振动	允许不停移动甚至扭曲（特殊情况）
导线直径	1.5mm	1.5mm	应用专用

电缆安装如表 4-4 所示。

表 4-4　电缆接线

电缆安装		接头数	最大通信距离
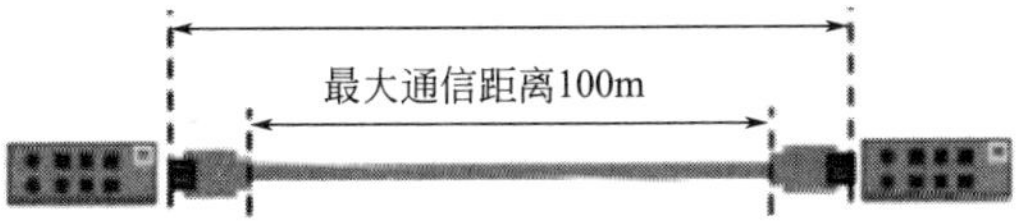 最大通信距离100m		2	100m
		4	100m
 交换机　连接器　耦合器			

4.3.2 光缆

信号不仅可以通过电信号来传播，也可以通过光信号传播，而传播光信号的介质就是光纤（FO）。光纤加上屏蔽层制成光缆，相比于电缆，光缆传输的优点是：

① 可以桥接更长的距离；

② 保证生产线区域之间的电气隔离；

③ 电缆完全不受电磁干扰（EMI）。

光缆（见图 4-11）就像是道路中的国家高速公路，距离长、路况好、限速120km/h，除了限速没有什么信号灯之类的干扰，但就是造价非常高。

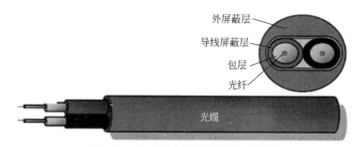

外屏蔽层
导线屏蔽层
包层
光纤
光缆

图 4-11　光缆的电缆侧面图与截面图

PROFINET 的特点是全面性和灵活性，可以使用四种类型的光缆：聚酯光缆（POF）、聚酯护套光缆（PCF）、多模玻璃光缆（GOF-MM）和单模玻璃光缆（GOF-SM）。

光缆安装也有 B 类（灵活，允许偶尔移动或振动）和 C 类（高度灵活，允许不停移动甚至扭曲）两种可供选择。除了考虑光纤的基本参数，在选择光缆时还需考虑其他参数，如衰减和波长，这将对传输距离有影响，具体应用参数如表 4-5 所示。

表 4-5　光缆的应用参数

序号	光纤类型	线径 /μm	传输距离 /m	信号衰减 /dB	波长传输距离 /nm
1	POF	980	≤ 50	12.5	650
2	PCF	200	≤ 100	4.75	650
3	多模	50 或 62.5	≤ 2000	11.3 / 6.3	1300
4	单模	9 ~ 10	≤ 14000	10.3	1310

光纤不受电磁干扰，相比电缆可以传输更长距离。光纤接线如表 4-6 所示。

表 4-6　光纤接线

光纤安装	接头数目	最大通信距离 /m			
		POF	PCF	GOF	
				MM	SM
	2	50	100	2000	14000
	4	43.5	100	2000	14000

4.3.3　线缆连接器

对于 RJ45 插头（网线的水晶头）大家一定不陌生，宿舍联网游戏和办公室网络都离不开这个其貌不扬的小家伙儿。伴随着"嘎嘣"一声脆响，你的电脑从此告别单身，一举跨入了网络时代。

宿舍联网的前提物质条件是需要网线，当时买网线的印象还记忆犹新。抱着"没吃过猪肉，还没见过猪跑吗"的心态，鄙人自以为是、自告奋勇地去电脑城买网线，当时认为网线应该就是像买布一样按长度来买，然后网线两端安装好水晶头（RJ45 接线头），最后带回去把电脑连起来就好了。后来，卖家就问了一个问题："要交叉线和还是直连线？"这问题让笔者顿时"石化"，又没好意思仔细请教一下卖家各有什么区别（俺可是大学理工男嘛），当时手机还没有普及，所以只好回学校去找有经验的同学问，他说就是连交换机用的，然后再去了一趟电脑城买好网线。这件事情丢脸得很。其实网线交叉与直连区别大发了，图 4-12 详细解释了两种接线方法。

PROFINET 在 IP20 环境下使用 RJ45 连接器，和办公室环境下所使用的一样，可以轻松、快速地连接诸如笔记本电脑等办公设备。而 PROFINET 在严酷的工业现场环境下也需要 RJ45 连接器，只不过需要使用满足 IP65 或 IP67 等级的推拉式 RJ45 连接器，以及遵循 M12 标准的连接器，这样不仅防护要求高，而且方便现场安装。

PROFINET 在使用光纤时要遵循 ISO/IEC61754-24 或者 EN50377-6-1 标准，最好使用 SC-RJ 连接器。此连接器具有鲁棒性、外形小、方便现场安装等优点，而且连接器的形状有 IP20 和 IP67 两种防护等级（见图 4-13）。

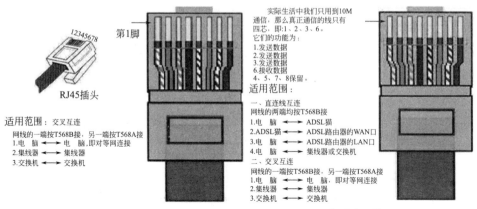

第1脚

12345678

RJ45插头

适用范围：交叉互连

网线的一端按T568B接，另一端按T568A接
1.电脑 ←→ 电脑，即对等网连接
2.集线器 ←→ 集线器
3.交换机 ←→ 交换机

实际生活中我们只用到10M通信，那么真正通信的线只有四芯，即：1、2、3、6。它们的功能为：
1.发送数据
2.发送数据
3.发送数据
6.接收数据
4、5、7、8保留。

适用范围：

一、直连线互连
网线的两端均按T568B接
1.电脑 ←→ ADSL猫
2.ADSL猫 ←→ ADSL路由器的WAN口
3.电脑 ←→ ADSL路由器的LAN口
4.电脑 ←→ 集线器或交换机

二、交叉互连
网线的一端按T568B接，另一端按T568A接
1.电脑 ←→ 电脑，即对等网连接
2.集线器 ←→ 集线器
3.交换机 ←→ 交换机

RJ45型网线插头的T568A线序

RJ45型网线插头的T568B线序

图 4-12　普通网线 RJ45 接头详细介绍

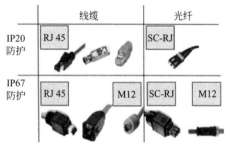

图 4-13　菲尼克斯电气的网络连接器

相比于大家游戏要使用的电脑，如果说线缆不容易引起关注的话，那么线缆的连接器就更显得不那么起眼了。但正是因为这些不起眼的连接器，成就了菲尼克斯电气 90 多年的大事业，这里不得不对德国菲尼克斯的专注与细致肃然起敬，也同样钦佩当年中国菲尼克斯创业者的独到眼光。

如果能用道路来比拟通信，那么线缆的接线器与高速公路的出入口相比，那自然是极像的。当前越来越多的高速出入口都在推行 ETC（不停车缴费）系统，用于提高车辆的通行效率，彰显其收费的自动化水平，所以笔者觉得菲尼克斯电气出品的以太网连接器，应该就相当于这些带 ETC 系统的高速公路出入口吧。

4.3.4　无线局域网

在无线局域网（WLAN）发明之前，人们要想通过网络进行联络和通信，必须先用物理电缆组建一个传输信号的通路，为了提高效率和速度，后来又发明了光纤。当网络发展到一定规模后，人们又发现，这种有线网络无论组建、拆装还是在原有基础上进行重新布局和改建，都非常困难，且成本和代价也非常高，于是 WLAN 的组网方式应运而生。

无线局域网络英文全名是 Wireless Local Area Networks，是相当便利的数据

传输系统，其中最为大家所熟知的就是 Wi-Fi 技术，中文名叫做无线保真，现被视为 IEEE802.11 无线局域网络的代名词。从包含关系上来说，Wi-Fi 是 WLAN 的一个重要组成部分，属于 WLAN 中的一项新技术（见图 4-14）。

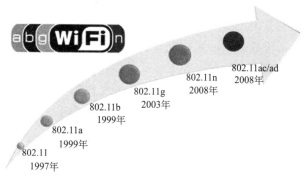

图 4-14　IEEE802.11 标准系列的历史轨迹

WLAN 不仅节省布线成本，而且安装方便，凭借其灵活性和移动性的特点，在工业自动化通信网络的各个层面上得到了越来越广泛的使用。除了 Wi-Fi 技术外，工业无线通信还使用了蓝牙（Bluetooth）、Wireless Hart、Trusted Wireless、ZigBee 等技术（见图 4-15）。

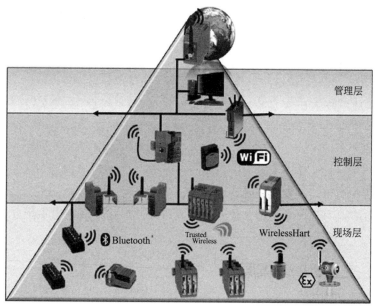

图 4-15　工业自动化网络应用无线技术

Wireless Hart 和 Trusted Wireless 的名字看上去比较直观，就像汉字造字法中的形声字，而蓝牙与 ZigBee 两者的名字来历比较有意思，作为技术闲聊挺有意思。

"蓝牙"这个名称来自于 10 世纪的一位丹麦国王，他的名字在英文里被翻译成 Bluetooth，而且国王喜欢吃蓝莓，牙龈每天都是蓝色的。当时在为这项新技术命名时，为了能让技术的名称更有表现力，技术人员考虑到这位丹麦国王将现在的挪威、瑞典和丹麦统一起来，而且口齿伶俐、善于交际，就如同这项技术一样，允许例如计算、手机和汽车等不同工业领域之间的协调工作，保持着各个系统之间的良好交流，所以将这个新颖的技术叫做蓝牙。IEEE 将蓝牙技术列为 IEEE 802.15.1，但如今已不再维持该标准。

ZigBee 这个名称来源于蜜蜂的八字舞，由于蜜蜂（bee）是靠飞翔和"嗡嗡（zig）"地抖动翅膀的"舞蹈"来与同伴传递花粉所在方位信息，也就是说蜜蜂依靠这样的方式构成了群体中的通信网络。ZigBee 是 IEEE802.15.4 协议的代名词，根据国际标准规定，ZigBee 技术是一种短距离、低功耗的无线通信技术。

4.4 交换机

电视剧《琅琊榜》为什么好看呢？一个重要的原因就是有好剧本，好剧本离不开好的原创故事。于是，笔者也考虑设计几个原创故事活跃一下气氛，希望读者们喜欢。更重要的是，笔者考虑一边讲故事，一边像郎咸平教授解读中国经济一样，深入解读这些场景故事中所蕴含的技术信息。

场景故事发生在 A 学校，B 宿舍是女生宿舍，学校对管理女生宿舍有以下规定：

① 男生不能进入女生宿舍；

② 男生在女生楼下不准大声喧哗；

③ 男生有事情找女生只能通过宿舍管理员传达。

旁白：因为这个女生宿舍住了不少女神，所以这是众多男生想方设法要去串门的地方，接下来，故事开始了······

4.4.1 交换机的基本原理

场景一：

男生 C："阿姨好，我想请您帮忙找一下女生 D。"

阿姨问："她是哪个房间的？"

C 说："她是 X 房间的。"

旁白：那么阿姨很快就找到了 D。

从交换机的原理这个角度讲，场景一中的男生想请阿姨帮忙找人，最好能告知女生名字和房间号，就相当于交换机地址列表中的目的地址和端口。

交换机作为网络组件，连接各个终端之间的传输路径，负责接收数据帧再转发。交换机上用于连接计算机或其他设备的接插口称作端口，如图 4-16 所示。

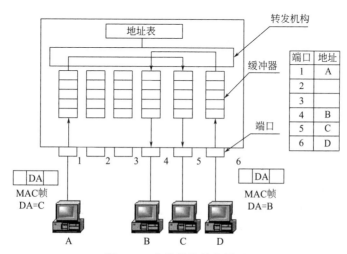

图 4-16　交换机的基本原理

简单来说，以太网报文都包含源 MAC 地址与目的 MAC 地址，交换机基本原理就是学习"源地址"，基于"目的地址"转发，其工作过程可以概括为"学习、记忆、接收、查表、转发"等几个方面：

①"学习"每个端口上所连接设备的 MAC 地址；

②"记忆"地址与端口号的对应关系，在内存中生成地址列表；

③从一个端口"接收"到报文后，在地址列表中"查找"与报文中目的地址对应的端口；

④将数据帧从查到的端口上"转发"出去。

4.4.2　交换机的地址列表

场景二：

有时男生不知道女生住哪个房间，比如男生 C 说："阿姨好，我想找 D。"

阿姨问："她是哪个房间的？"

男生做出一脸求人的表情，说："我也不知道她是哪个房间的，还请阿姨帮帮忙。"

于是阿姨站在楼下运气，然后大吼一声："D在吗，哪个房间的？"

D听到后就回答："我是X房间的。"

旁白：这样阿姨下次找D的话就不用在楼下大吼了，直接去X房间找人。有时男生E想找女生F，阿姨吼了一嗓子后没人应答，就不再吼了。

旁白：铁打的宿舍，流水的学生，房间里住的女生会有变化，C过了一段时间后再要想找D，阿姨就不一定能在X房间找到了。于是阿姨需要定期，比如说一年清理一下女生与房间的对应关系。如果在清理了对应关系后，有男生还想通过原来房间找女生，阿姨就得按场景二所描述的过程重来一遍。

那么这个故事告诉我们：在阿姨的脑子里，女生和宿舍存在一种对应关系。而交换机会生成一张目的地址与端口号对应关系的地址列表，用于转发报文。如果交换机在开始时并没有确定设备连接在哪个端口上，其地址列表中没有相关条目，就会把该报文广播发送到所有端口等待响应。一旦收到回复的报文，就记录下相关联的目的地址与端口，作为一个条目填入地址列表中，等到下次收到报文，发现其目的地址已经记录在地址列表中，则直接向对应端口转发报文。如果交换机广播后没有收到任何回复，则不会有进一步操作。还有一点重要的是，交换机还需要维护并动态更新地址列表。感谢《网络那些事儿》作者所提供的图，描述了地址列表学习与使用的步骤（见图4-17）：

① 交换机端口1接收到来自PC1的报文，目的地址是PC3；

② 交换机获得报文的目的地址，这时地址列表中的没有记录，则交换机将PC1的源地址关联到进入端口1，记录在地址列表中。

③ 交换机向所有端口转发该报文（除了进入端口不发）；

④ PC3收到报文后回复目的地址为PC1的单播报文；

⑤ 交换机地址表中记录下PC3的源地址和端口3，在地址列表中找对应的端口。由于地址列表中已有关联的条目PC1和端口1，交换机不用广播只要向PC1转发报文。

工程师需要经常坐火车出差，到车站后就会找对应的检票口，确定检票口的提示信息和票面上的车次一致，就不会上错车，车站会根据调度表来调整检票口提示信息。

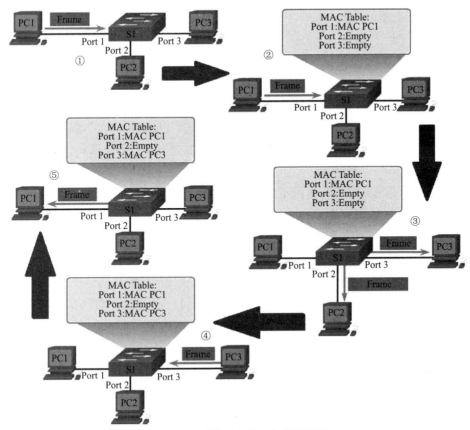

图 4-17　地址列表学习与使用过程

4.4.3　工业以太网交换机的分类

场景三：

旁白：阿姨觉得很多男生就是来追女生的，而不是真有什么事情，于是就会多问男生一句："你找她什么事呀？"男生多半会编个理由敷衍。然后，阿姨会去找女生证实一下，如果发现无中生有，就放这个男生的鸽子。其实阿姨是很热心的，一般不会为难那些以学习为目的来找女生的男同学，但某个男生经常来借书，有时上午一次下午一次，于是阿姨就记住了他。

阿姨问道："你上午找的 D 同学是中文系的，怎么下午找数学系的 H 同学？"

男生没想到阿姨会这么问，想了想回答："因为上午是语文课，下午上数学课呀。"

阿姨有点不依不饶，接着问："D 同学是三年级的，H 同学是二年级的，难不成你中午就留级了？"

男生："……"

旁白：看来姜还是老的辣。

故事先暂停一下，让我们回到交换机的内容上来。工业交换机用于苛刻的工业应用，外观和安装形式多样，高 IP 防护等级，满足 24V 电源，还要求防水、防尘、抗震、抗电磁干扰，使用全双工模式。PROFINET 工业以太网交换机还需要支持 VLAN、标准化的诊断、自动极性交换、自动协商和自动交叉等功能。

工业以太网交换机有两种不同的报文处理方法——直通转发（cut-through）与存储转发（store-forward）。

直通转发就是交换机在收到帧后，只要查看到此帧的目的 MAC 地址，马上根据 MAC 地址表向相应的端口转发；这种方式的好处是速度快，转发所需时间短，但问题是可能同时把一些错误的、无用的帧也同时转发目的地址。

存储转发就是交换机的每个端口被分配到一定的缓冲区（大小一般为64K），报文在进入交换机后读取目标地址，根据地址表获得到转发关系后，数据会暂存在此端口的缓冲区，直到数据填满缓冲区后，所有数据会一次性转发。在数据存储在缓冲区期间，交换机会简单校验数据，如果此时发现错误的数据，就不会转发到目的地址，而是直接丢弃。储存转发机制提高了报文转发质量，但是转发所需时间会比直通转发要长一点。

开始时，阿姨采用直通转发，所以男生的用户体验非常好，以至于女生宿舍的访问量剧增。后来，阿姨则改进成存储转发，所以学校的用户体验就非常好，女生也多了一种被保驾护航的尊贵感觉，阿姨也为此加了工资。

菲尼克斯电气的工业以太网交换机也实现了非管理型到管理型的技术升级。非管理型交换机不支持网管功能，不提供 Web 界面，用户不能够手动控制，没有诊断功能，一致性类型 A 的 PROFINET IO 系统可以使用非管理型交换机。所以说，阿姨一开始对于以学习为理由的男生采用的是非管理型交换机的方式。

管理型交换机支持网管功能，提供了多种用户控制选项，支持冗余控制、网络数据流量的统计分析和诊断功能，允许 Web 访问，而且可以作为一种 IO 设备。满足一致性类别 B 类和 C 类的 PROFINET IO 系统的要求，尤其在使用冗余控制功能时必须使用管理型交换机。后来，阿姨就运用了管理型交换机的处理方法来限制男生串门，导致男生叫苦不迭，女生的尊荣感受与日俱增。

4.4.4　冲突域与广播域

场景四：

旁白：后来找女生的越来越多，不少还确实有事情，比如通知一个年级的女生开会，阿姨觉得站在楼下吼太累了，女生也认为总是听到楼下在找人，感觉太吵了。于是学校决定将同一个年级的女生安排住同一层楼，大四的住一楼，大一的住四楼。这样，遇上确有事情的男生，阿姨就要问清楚是找哪个年级的，这样就在相应楼层喊一嗓子就行了。

如果不知道哪个年级的，阿姨会拿出一种很拽的表情回应："Sorry！"

目光再切回到交换机的内容中来。在以太网交换机中，比较容易混淆的概念是冲突域和广播域，因为这两个概念会影响局域网性能。局域网从 20 世纪 80 年代中期开始大规模使用，随着技术的发展，设备变得越来越强，应用程序也越来越复杂，网络负载也急剧增大。为了满足局域网对带宽的要求，网络运营商已经实现下面的解决方案：

① 使用传输速率更快的局域网技术；

② 通信分解成多个较小的局域网段。

设备间共享的同一网段称为冲突域。因为该网段内两个以上设备同时尝试通信时，可能发生冲突，也就是说当两个男生同时提要求时，阿姨不容易听清楚。工业以太网交换机可将各个网段的冲突域隔离，其每一个端口就是一个新的网段，所以冲突域缩小到设备本身，也就是大为缩小了冲突域。

广播域是一个逻辑上的计算机组，该组内的所有计算机都会收到同样的广播信息。尽管交换机根据地址列表转发数报文，但收到广播报文后会向所有端口转发。当广播通信比较多时，可能会带来广播风暴，可能导致局域网严重拥挤乃至崩溃。阿姨在楼下大吼一嗓子，整栋楼都是广播域，吼的次数多了女生就会觉得比较吵，而且效率很低，有时只是一个年级的事情，结果通知了所有年级。

4.4.5　虚拟局域网 VLAN

场景五：

有两个男生来找阿姨帮忙，男生 G 说："麻烦阿姨找一下女生 H。"

男生 I 同时说："麻烦阿姨找一下女生 J。"

阿姨就说："你们俩同时说我听不清，一个一个说，后来的等前一个说完再说。"

旁白：有时阿姨会接待几个男生，先后听完所有请求后，心里估算一下每个楼层都有，那么就从低楼层的女生开始，依次找到高楼层，这样往往是先通知到高年级的，后通知到低年级的女生，虽然会给一些男生一种学长在先的感觉，但这样比较省时间和力气，毕竟这时《甄嬛传》正在热播中，阿姨也着急要看嘛。

《甄嬛传》的确好看，促使阿姨充分运用VLAN的原理，实现从楼下大吼一嗓子到后来在相应楼层里喊一声的转变，轻松搞定工作难题！

有人会问："此话怎讲？"

诸位回忆一下，前面提到PROFINET IO系统采用支持IEEE802.1Q标准的交换机组网，或者PROFINET设备本身就集成一个带交换功能的双端口，这样不仅提高了系统实时性，而且会减少线缆接线。

IEEE802.1Q协议也就是虚拟桥接局域网协议，主要规定了VLAN（Virtual Local Area Network）的实现方法，什么是VLAN呢？VLAN是一种将局域网设备从逻辑上划分成一个个网段，从而实现虚拟工作组的数据交换技术。在实际应用中，支持VLAN的工业交换机可以将网络划分足够小子网，这样可以尽可能地缩小冲突区域的范围，可以解决更大的规模网络的实时性问题。在广播域中会产生大量的广播以及多播报文（如ARP、DHCP、STP等），就会与数据流竞争带宽。

为了改善这种情况，可以采用VLAN技术将一个网络划分为几个逻辑上相互独立的虚拟局域网（见图4-18），即VLAN。通过VLAN技术，广播信息被限制在每个VLAN中，而不再是整个网络，并且各个子网之间不能直接通信，不但可以减轻网络负载，而且可以提高网络通信的安全性。如果希望用VLAN技术来规划整个网络，那么在选择交换机时，要求设备必须支持802.1Q标准，划分VLAN的目的是提高安全性与提高性能。

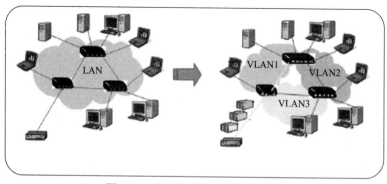

图4-18　将网络划分成更小的子网

支持 IEEE 802.1q 的交换端口可传输带 VLAN 标签的帧或无标签帧，对于插入了 VLAN 标签的以太网报文，会分优先级转发报文。

4.5 一些安装标准

在 PROFINET 安装标准中，定义了满足不同行业需求的线缆类型，支持混合布线结构，允许以太网供电。另外，系统安装时还需要考虑以下因素。

① 工厂自动化生产线中所有节点的摆放位置，根据位置定义拓扑结构，选用交换机或者集成交换功能的 PROFINET IO 设备进行连接。

② 在现场操作时，设备很可能会出现故障而需要更换，比如说更换线形拓扑中的设备，容易导致现有网络中断。为了确保系统的可靠性，应该考虑使用备用交换机，或使用环形拓扑结构。

③ 单独考虑对实时性有特殊要求的 PROFINET 设备，也就是指需要支持 IRT 通信的设备必须连到支持 IRT 功能的交换机。

④ 有时还要考虑连接器（交换机、无线接入点）所能连接的最大设备数目。

⑤ 布线必须正确接地，要求等电位接地，不仅可以有防雷的作用，而且可以对线路意外过载、短路进行有效的安全保护，更重要的是通过等电位连接可以抑制电位差，从而达到消除电磁干扰的目的。

⑥ 设计时必须选择传输介质，确定使用电缆、光缆还是无线连接，同时还要考虑节点是否支持选择的传输介质。如果需要的话，还要在传输链路中加装介质转换器。

⑦ 电缆用于一般场合的设备连接，光纤用于网络节点和控制柜中交换机的连接，建议在电磁干扰的区域使用光纤（FO）连接，可以完全消除电磁干扰（EMI）的问题。图 4-19 显示了电缆连接与光纤连接的应用。

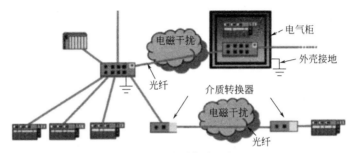

图 4-19 典型接线示例

4.6　网络安装小结

　　"连接"是工业 4.0 永恒不变的主题词，而连接的范围之广，几乎涵盖了所有的设备、生产线、工厂、供应商、产品和客户，要将他们紧紧连接在一起。那么传输介质、交换机已经安装保证生产设备之间的互连。

　　PROFINET 几乎支持拓扑结构的任意组合，而且也对使用什么样的线缆、连接器和交换机有严格的要求，本章讲述线缆、连接头、无线，虽然不怎么容易吸引眼球，但它们的连接实现的组网，它们的好坏会影响网络，它们的使用也需要计算成本，它们可以称为工业 4.0 的"螺钉"，不可不察也。

　　网络拓扑结构的定义包含的信息是选择传输介质和连接器。图 4-20 显示了上一个章节选择的设备安装合适的网络拓扑进行连接。首先通过交换机与光纤

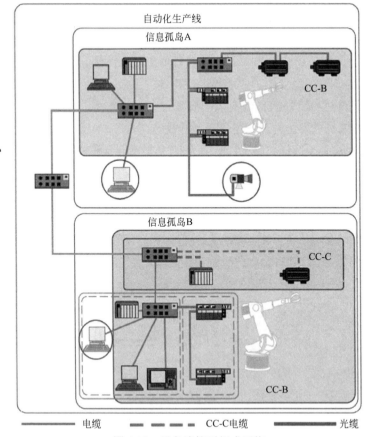

图 4-20　设备连接后组成网络

实现主干网，最左边的交换机可以用于连接企业网，接下来要将一致性相同的 PROFINET设备通过电缆组成IO系统，集成到对应生产线网络中。其中虚线所示的电缆需要满足一致性类别C的要求。

这里多了一些普通的网络装置：生产线 A 增加了一台工作站和一个网络摄像头，生产线 B 增加了一台工作站。这其实在办公室网络（宿舍环境）时也很常见，比如随时有可能会有台电脑接入网络，或者加个打印机。别看只是加入了一点点设备，但是运行起来却有可能不太一样，具体细节将在第 6 章讲述。

⑤ 系统配置——别着急，让系统飞一会儿

联网接线解决了，接下来就是考虑如何设置你的网络和游戏，不然网络游戏是不会乖乖地按照你的想法运行的。网络设置的首要任务就是将所有电脑设在一个局域网内，这样玩家在打开游戏后才能看到其他玩家创建的游戏，以及选择进入局域网游戏，常见的设置就是打开控制面板下的本地连接进行设置，需要指定 IP 地址、子关掩码和网关，当然有时候还可以让电脑自动获得 IP 地址。

如图 5-1 所示，可以看出 CS 游戏设置要分为多人游戏、键盘鼠标、音频视频等几大类，作为主机的玩家选择一个对战地图，设置一些游戏的基本参数，然后创建游戏，等待其他玩家加入这个局域网游戏。

图 5-1　CS 的游戏设置

对于 PROFINET IO 系统来说，到底要设置哪些参数呢？而 PROFINET IO 系统的设置也要分为导入设备（通过 GSD 文件）、指定设备的标识、设定各种循环周期参数，也就是第 2 章提到的高于普通以太网，而又不属于 PROFIBUS

中的内容。然后通过总线配置工具下载所有配置。

记得大学时学习《信号与系统》这门课，里面使用时域、频域、复数域等角度去分析，使得简单的信号呈现出不一样的特征。作为 PROFINET 最主要的内容——分布式设备，可以从以下角度去进行分析，以及进行相关设置，见表 5-1。

表 5-1　分布式设备的分析方法

分析角度	PROFINET IO	具体概念
分类	PROFINET 的各种类别的概念	设备类别、一致性类别
空间	如何寻找 PROFINET 设备，如何寻址变量	设备标识、设备模型
时间	各种与循环周期相关的概念	总线周期、发送时钟

5.1　总线配置器

网络设置结束后就需要进行游戏设置，不知道大家对 CS 的游戏设置有木有印象？其实游戏设置通常是进入游戏软件后就能看到的一个选项，能够制定各种各样的规则，以增加游戏的难度和趣味。

打开 PLC（控制器）的编程软件，也能找到"总线配置器"的工具项。菲尼克斯电气的总线配置器界面如图 5-2 所示，采用树状视图显示系统中的设备，而大家也许更熟悉西门子自动化编程软件的总线配置器界面，如图 5-3 所示，采用图形化的方式显示系统，通过拖拉的方式加入设备，显得要直观一些。

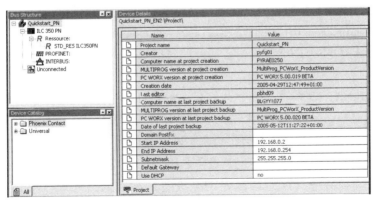

图 5-2　菲尼克斯编程工具中的总线配置工具

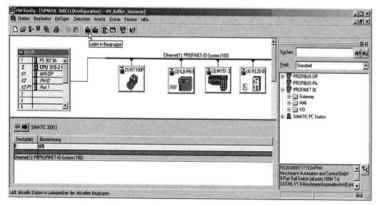

图 5-3　西门子编程工具中的总线配置工具

5.2　设备标识

第 3 章的设备角色、一致性类别和实时性等级时已经从分类的角度详细地描述了 PROFINET IO，本节主要从空间的角度对其进行分析，那什么是空间的角度呢？就是如何在茫茫网络中找到设备，并找到设备中的变量与参数。

5.2.1　设备标识的作用

自动化总线发展的就是将以前的集中式控制变成分布式控制，而且趋势是设备越来越智能化，每个设备都像是在独立运行。虽然独立但也需要相互配合，前面我们知道 IO 系统就像一个项目，控制器像一个项目经理一样总体负责，熟悉项目状况、控制项目进度、推进项目进展，而不同的设备各司其职，大家团队作战。记得 PROFIBUS DP 是通过设备上面的拨码开关来设定不同的设备号，那么对于 PROFINET IO 来说，它又是如何区别不同的设备，分配不同的任务呢？答案是——通过设备标识。

PROFINET IO 系统中每个设备都有不同的设备名和地址，就像行驶证是机动车的身份证明，可以用来识别车辆是一样。行驶证大家一定不会陌生，打开看看就会知道，行驶证上会记录车主姓名与住址、车架号、车牌号等信息，类似的，PROFINET IO 设备也有设备名称、MAC 地址以及一个网络地址（IP 地址），而需要总线配置器设定的是设备名称和网络地址（IP 地址），见图 5-4。

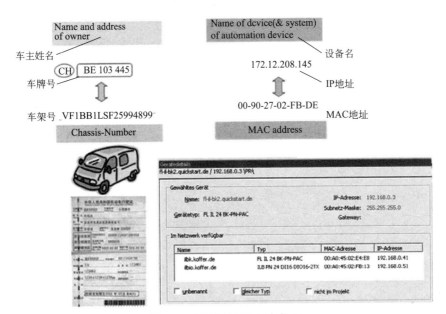

图 5-4 行驶证与 IO 设备标识

5.2.2 设备名称

就像每个玩家进入游戏后要输入一个名字一样，智能现场设备通常具有一个用户接口，可以设置 IO 设备名（见图 5-5），而对于 PROFIBUS 从设备地址来说就是一个拨码开关或 DIP 开关。

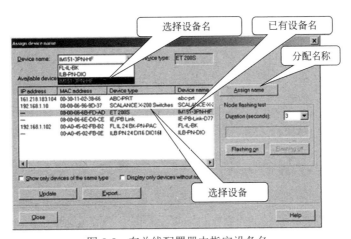

图 5-5 在总线配置器中指定设备名

而在 PROFINET IO 系统中，设备要与控制器进行通信，先得有各自的设备名，推荐使用唯一的 MAC 地址作为默认名称。设备名可以暂存在设备中，也可以直接写入设备 flash 存储器中，在运行时载入 PROFINET IO 设备。当然必须保证网内设备名唯一，这样更换设备时只需要将新设备设成相同的设备名即可。对于设备命名规则要注意以下几点。

① 设备名称应包括类型，比如 IO 设备的名称最好将 "IO" 为名字的一部分。

② 同一类型的设备根据自动化生产线连续编号。

5.2.3 MAC 地址

PROFINET IO 设备在出厂时没有设备名，只有一个全球唯一的 MAC 地址，通常不能修改，许多 PROFINET 设备在外壳上会打印出设备的 MAC 地址。MAC 地址也叫物理地址、硬件地址或链路地址，由制造商在生产网络设备时写在硬件内部。MAC 地址是 48 位的二进制地址，可以分为单播地址、多播地址和广播地址。IEEE 的注册管理机构 RA 负责向厂家分配地址字段的前三个字节（高 24 位），地址字段中的后三个字节（低 24 位）由厂家自行指派，称为扩展标识符，另外还有个特殊的地址，即 48 位全 1 的广播地址（见图 5-6）。

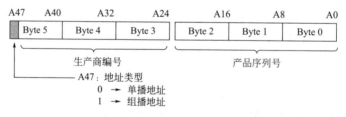

图 5-6　MAC 地址分类

车牌号和车架号的对应关系就有点像是 IP 地址与 MAC 地址的对应关系。IP 地址就如同车牌号，而 MAC 地址则好像车架号，甲车既可以挂 A 车牌，也可以挂 B 车牌，同样的道理一个节点的 IP 地址对于网卡是不做要求的，基本上什么样的厂家都可以用，也就是说 IP 地址与 MAC 地址并不存在着绑定关系。比如，如果一个网卡坏了，可以被更换，而无须取得一个新的 IP 地址。如果一个 IP 主机从一个网络移到另一个网络，可以给它一个新的 IP 地址，而无须换一个新的网卡。在有些协议中，PROFINET 会用到一些特殊 MAC 地址作为目的地址，如表 5-2 所示。

表 5-2 PROFINET 使用的特殊 MAC 地址

生产商编号	产品序列号	功能说明
01-0E-CF	00-00-00 / 00-00-01	DCP 协议使用
01-0E-CF	00-01-01 / 00-01-02	RT_CLASS_3 / 同步
01-0E-CF	00-02-00	RT_CLASS_2 广播
	00-02-FF	
01-0E-CF	00-04-00 or 00-04-1F	精确时钟协议的同步帧
	00-04-20 or 00-04-3F	精确时钟协议的跟随帧
01-0E-CF	00-05-00	介质冗余
01-15-4E	00-00-01 / 00-00-02	介质冗余测试帧 / 控制帧
01-80-C2	00-00-00 / 00-00-0E	快速生成树协议（RSTP）/ LLDP 协议
01-00-5E	40-F8-00 or 40-FB-FF	RT_CLASS_UDP 组播

5.2.4 IP 地址

通过第 1 章的了解，想必大家已经知道了互联网是全世界范围内的计算机联为一体而构成的通信网络。那么，网络上的两台计算机之间在通信时，所传送的数据包里都会含有某些附加信息，这些附加信息就是发送数据的计算机地址和接收数据的计算机地址。类似于人们在日常生活中电话联系时电话号码的功能，电话号码是作为通信终端（手机）的标识，而网络通信也需要 IP 地址作为标识。

互联网组织机构定义了五种 IP 地址，常用的有 A、B、C 三类地址，D 类和 E 类网络用得不多（见表 5-3）。A 类网络有 126 个，每个 A 类网络可能有 16777214 台主机，它们处于同一广播域，而在同一广播域中有这么多节点是不可能的，网络会因为广播通信而饱和，结果造成 16777214 个地址中的大部分没有分配出去。可以把基于每类的 IP 网络进一步分成更小的网络，每个子网由路由器界定并分配一个新的子网网络地址，子网地址是借用基于每类的网络地址的主机部分创建的。划分子网后，通过使用掩码，把子网隐藏起来，使得从外部看网络没有变化，这就是子网掩码。

IPv4 地址是一个 32 位整型，由 4 个在 0 到 255 之间的十进制数组成，中间由"·"隔开来表示，如 192.168.2.10。但当时设计 IP 地址时没有想到互联网会像宇宙大爆炸一样增长，从而导致 IPv4 地址已经不够用了，所以说 IPv6 地址是网络地址未来发展的趋势。

表 5-3　IP 地址的分类

网络数	IP 类型	地址范围	子网掩码	网络设备数
1	A	10.0.0.0 ～ 10.255.255.255	255.0.0.0	16777214
16	B	172.16.0.0 ～ 172.31.255.255	255. 255.0.0	65534
256	C	192.168.0.0 ～ 192.168.255.255	255. 255.255.0	254
D、E 类型不常见				

PROFINET IO 设备的 IP 地址通常会有三种设置方法，如果使用如表 5-4 所示的第一种方法，需要用到基于设备名称的发现和配置协议（DCP），这个后面也会详细描述。

表 5-4　分配 IP 地址的方法

网络管理方法	说明	备注
配置工具	通过 IO 控制器配置每个 IO 设备的 IP 地址	推荐
DHCP 服务器	网络管理选用动态地址	可选
静态设置	本地连接中使用静态设置 IP 地址	最好不用

5.3　GSD 文件

同 PROFIBUS 一样，PROFINET IO 设备集成到工业控制系统中时，需提供描述设备模型特性的 GSD 文件。

5.3.1　什么是 GSD 文件

PROFINET 设备的 GSD 文件是一种设备描述文件，用 GSDML 语言表述。GSDML（General Station Description Markup Language，通用设备描述标记语言）是符合《工业自动化系统与集成——开放系统应用集成框架》的一种基于 XML 的描述语言。XML 是指可扩展标记语言，是一种用于标记电子文件使其具有结构性的标记语言，它可以用来标记数据、定义数据类型。

有一样东西大家一定都听过，那就是人事档案，它包括了一个人的主要经历、政治面貌、品德作风、工作收入等方面的文件材料，能记录员工个人成长、思想发展的历史，能展现员工家庭情况、专业情况、个人自然情况等各个方面的内容，是个人信息的储存库，能概括地反映个人全貌。

而设备的 GSD 文件就是每种设备的"人事档案"，可以用来描述各种设备，比如控制器、设备、交换机、网关或代理等。

5.3.2 GSD 文件的命名

PROFINET 导入设备的方式极像导入游戏地图文件，只是前者是导入用 GSDML 语言描述的设备文件，而后者是导入地图文件。GSDML（设备描述标记语言）是符合《工业自动化系统与集成——开放系统应用集成框架》的一种基于 XML 的描述语言，可使用标准 XML 编辑器来编写 PROFINET 设备的 GSD 文件。目前 PI 发布的 GSDML 规范的最新版本为 V2.31，可用来描述 PROFINET V2.3 设备特性。GSDML 格式不描述设备的技术功能或图形用户接口，这些可通过使用 TCI、FDT 或 EDD 实现。PROFINET 设备 GSD 文件命名由以下部分按顺序构成，①~⑥项之间用"-"连接（见表 5-5）。

① GSDML；

② GSDML Schema 的版本 ID：Vx.y；

③ 制造商名称；

④ 设备名称；

⑤ GSD 发布日期，格式年月日（yyyymmdd）；

⑥ GSD 发布时间（可选），格式时分秒（hhmmss）；

⑦ 文件后缀".xml"。

表 5-5　GSD 文件的命名规则

文件名 GSDML-V2.3-KW-Software-PROFINET IO-Device-20130624.xml					
V2.3	KW-Software	PROFINET IO-Device	20130624	可选部分	xml
版本号	制造商名称	设备系列	发布日期	发布时间	后缀

5.3.3 GSD 文件的使用

无论是红警、星际、魔兽、CS 等游戏都需要指定地图，而游戏中的地图是以一定格式的文件形式存在的，记得当时大家打 CS，天天玩 dust 这个地图都玩得想吐了，后来搞到了 dust2 这个地图，很快每个人都将新地图导入游戏中，地图的更新给游戏又带来了全新的体验。

设备描述具体是对设备的 IO 数据、槽、子槽、通道、报警和诊断等信息的描述。总线配置工具也可以像导入游戏地图一样，通过加载设备的 GSDML 文件导入一个设备，如图 5-7 所示。

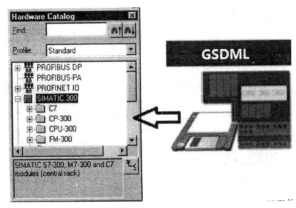

图 5-7　总线配置工具导入 GSD 文件

总线配置工具根据所有设备的 GSD 文件对整个 PROFINET IO 系统进行组态并下载成功后，系统就进入数据交换状态，IO 控制器（PLC）与 IO 设备之间会周期性地交互输入输出数据（循环通信）。

5.4　设备模型

设备名、MAC 地址和 IP 地址是为了在网络中找到对应设备，但找到设备是不够的，而是要确切地定位输入、输出变量。如何找到变量呢，就需要通过地址映射的方法了，映射的英文是 mapping，找变量就相当于在地图上找确切的地点。

地图是地理位置的抽象，是以一定的数学法则、符号化、抽象化反映上各种事物的空间分布。参照上述说法，设备模型就是设备内部所有输入、输出变量的抽象。PROFINET IO 的设备模型与 PROFIBUS 几乎相同，说明了模块映射到紧凑型和模块化设备的物理插槽，包括若干槽（外部扩展插槽，GSD 文件中描述）与子槽（实际的 IO 数据接口，按位、字节、字排列），可能还有若干通道（用于非周期读写访问，模块中的参数通过索引读出或写入），设备制造商将输入输出变量映射到这种结构中。

制造商也可以在指定的模块中分配槽和子槽。在一个模块化 IO 设备中，模块可以代表真实的物理模块或表示虚拟的逻辑功能。

GSD 文件定义了 IO 设备有多少个槽、子槽。槽 0 中的子槽 0 表示 DAP（设备访问接口），槽 1 ~ 0x7FFF 定义了外部模块的可配置范围，在连接过程中会定义好子槽的地址。数据分循环数据和非循环数据，循环数据包括实时测量值和测量值的质量状态；非循环数据包含测量范围、滤波时间、报警上下限、制造商特殊参数等。非循环数据的地址安排采用槽号（slot）、子槽号（subslot）和索引（index）相结合的方法编排。

PROFINET IO 设备模型如图 5-8 所示。说起来你不信，笔者当时家里正在搞装修，有一天加班有点累，就发了一阵呆，盯着这幅图看了半天，忽然觉得 PROFINET 设备模型就像一个整体衣柜。当时就感觉也许是自己真的累了，想法有点异想天开，但后来仔细回味一下后觉得还是挺像的，不信大家可以对比着图 5-8 和图 5-9，再听听笔者的现场说法，看看能不能自圆其说。

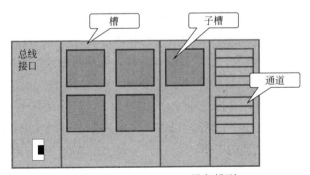

图 5-8　PROFINET IO 设备模型

整体衣柜当然会有若干隔断（槽），每个隔断通过隔板分成一个个的储物空间（子槽），说不定一个储物空间内还有抽屉（通道），方便摆放小件物品。你在用整体衣柜时可能还会考虑物品分类摆放，将几个部分专门用来放衣物、裤子、被子、杂物什么的，这种物品分类就像功能模块的划分，也就相当于 PROFINET 中模块（module）与子模块（submodule）的概念。

变量的访问可以想象成这样一个场景——回家找衣服：首先需要通过房间号（IP 地址）先找到房间，接着找到整体衣柜，再看看隔层里有没有要找的，衣服也许整齐地码在隔板上，也许叠好放在抽屉里，需要翻抽屉才能看到。

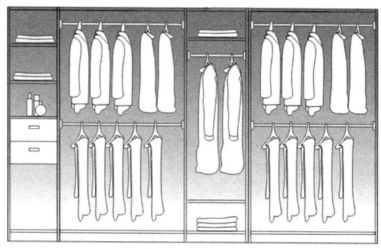

图 5-9　整体衣柜

5.5　彻查 PROFINET 循环通信

前面提到 PROFINET 所采用循环通信的机制，分布式设备可以从时间的角度去进行分析，那么什么是时间的角度呢？就是说循环所对应的"周期"的概念。在 IO 系统中控制器像一个项目经理一样，要想有效地控制项目进度，必须要定期获悉项目状况，根据实际情况拿出解决方法，而作为员工的设备则需要定期的汇报各自的进度，并推进项目。表 5-6 反映了一个项目中工作内容——每日安排、每周例会、月报和季报，以及相应的周期，可以看出每隔若干工时就要进行一次项目交流之类的工作。

表 5-6　项目汇报中周期的概念

	周期 /h	间隔天数	工作日与工时比例	基本工时
每日安排	8	1	8	基本工时 =1h
每周例会	56	7	8	1 个工作日 =8h
月报	240	30	8	
季度汇报	720	90	8	

表5-6显示的项目安排简直就像一个"工作狂"的日程表，不过没有一点"工

作狂"的精神，如何能够深入解析 PROFINET 的循环通信？

5.5.1 为什么需要循环通信

项目汇报的目的是方便项目经理能够及时处理出现的问题，保证项目顺利运行。作为项目经理的 IO 控制器（一般是 PLC）运行期间是周期性处理，那么也就需要设备能够及时地输入和输出，那么作为沟通渠道的总线所要做的就是保证数据正常通信。

先看看 PROFIBUS 是如何保证通信的，PROFIBUS 采用环令牌总线方法，取得令牌的主站才能和从站交互数据，采用主站请求、从站应答的方式读写数据。也就说在这个项目（总线系统）中，项目经理的工作是很累的，他要定期地催要员工的工作汇报，好在他的员工还是挺敬业的，有要求马上就响应。

而 PROFINET 的通信模型是生产者 / 消费者模型，各个通信节点是平等的，理论上可以自由传输数据。也就是说在这个项目中，项目经理的工作看上去很轻松，不用追讨员工的项目汇报。不过自由容易滋生散漫，如果完不成项目，整个团队都要蒙受损失，那么一个聪明的项目经理是需要制定强有力的制度来保证项目的运转，这就是 PROFINET IO 系统使用循环通信的原因。

如图 5-10 所示，在这里控制器（CPU）通过刷新过程映像区 PII 和 PIQ 来读写过程数据，而设备周期性地把过程数据输入到 PII，也需要周期性地把 PIQ 中的过程数据输出。其中 T1 为 CPU 的循环处理周期，T2 为 PROFINET IO 系统的更新周期。当 T1 大于 T2 时，控制器的处理速度比输入输出速度慢，不能按照系统更新时间来控制设备，也就是说项目经理不能及时处理员工定期反映的问题；而当 T1 小于 T2 时，控制器的处理速度比输入输出速度快，可以按照系统更新时间来控制 IO 设备，也就是说控制器这个项目经理能力很强，有问题立马就给解决了。

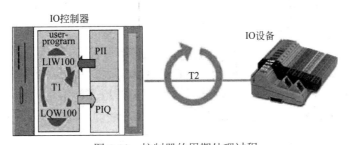

图 5-10　控制器的周期处理过程

5.5.2 循环通信的节拍

操作系统的发展是从单任务变为多任务，对于多任务操作系统来说，CPU还只是一个，只是将 CPU 的运行时间分成一个一个的时间片，每个时间片运行一个任务，由于 CPU 的运行速度实在是太快了，这样多个任务看起来就像是同时在运行一样，提高了多任务的执行效率。

同样总线系统也可以将通信时间分成一个一个时间片，每个时间片传输若干设备的数据，从而提高了通信的效率。这个时间片就是节拍（Phase）（见图5-11）。可以说，节拍就是 PROFINET IO 系统的心跳。

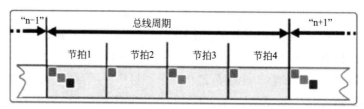

图 5-11 节拍的概念

这里引入工业 2.0 的话题，大家再补补课，谁让咱们与西方发达国家仍存在着较大的差距呢。生产流水线就是将整个工序分成若干步骤，周而复始地运转。这里请大家把图 5-10 想象成 Smart for two 的组装生成线，可以看到经过四个阶段（Phase）后，车子已经安装上了四个轮子、两个座椅和一个车身，一台整车新鲜出炉。

那么节拍是怎么算出来的呢？

如果有读者是做嵌入式软件出身的，那么这个概念其实挺好理解的，就是参考了 ARM 体系结构中的概念。ARM 的系统时钟是由外部时钟（晶振）通过提高频率得到的，比如说晶振电路通常可以提供 12MHz 的外部时钟，ARM 就通过内部的一个倍频电路，将外部时钟提高若干倍数后得到系统时钟，也可以说是 ARM 的节拍。

如果读者没有接触过 ARM，没关系，可以想象一下钟表内部齿轮传动的场景：人们通过上紧的发条获得周期运动的动力，带动一个齿轮转动，那么该齿轮就作为主动齿轮，其旋转周期就相当于钟表的节拍。

而在 PROFINET IO 系统的循环通信中，节拍也是将基准时钟间隔放大一定倍数后所得到的，这个倍数就叫做发送因子（SendClockFactor），如公式 1 所示：

$$Phase = 31.25\mu s \times SendClockFactor$$

SendClockFactor 的取值是 2^N，N 为 0 ~ 9 之间的整数。而基准时钟间隔是 31.25μs，是 1ms 的 1/32，为什么是这个数字呢？笔者目前也没有想明白，这里想问一声："元芳，你怎么看？"

5.5.3　设备的减速比

有了节拍，整个系统就好像上了根发条，可以被驱动着执行不同的任务了。

继续沿用上一节的说法，ARM 不仅有系统时钟，其包含的外设也需要自己的时钟（比如串口、计数器、IO），而且外设的时钟是通过系统时钟分频得到的，通常会低于系统时钟若干倍，这个倍数就相当于减速比因子。而指令周期就是由外部时钟信号乘以一定比例系数得到，系统时钟就是总线周期，由若干指令周期构成，而各个外设的时钟就是不同 IO 设备的更新周期，基于系统时钟并乘以一定比例得到，负责发送和接收控制器的数据。

而对于钟表当中的齿轮传动（见图 5-12），主动齿轮会带动若干的齿数较多的从动齿轮一起动作，从而完成了令人叹为观止的啮合动作，主动轮与从动轮的齿数比例就是减速比，每个从动轮的减速比是不同的，其设计之巧妙，那是需要精密计算的。

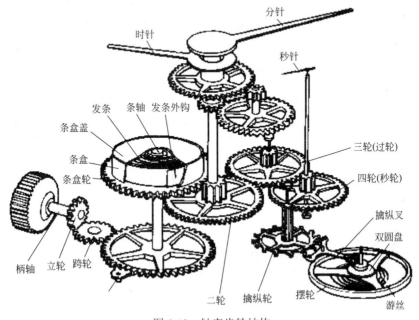

图 5-12　钟表齿轮结构

现在机器人技术很热门，做工业机器人离不开运动控制方面的内容，其中就包含轴与通道的概念，而通道就是指以一个主轴运动，而若干从轴跟着主轴一起运动，从而实现机器人按既定轨迹准确动作。那么主轴的周期就是节拍，从轴则按照一定比例保持与主轴的跟随关系，这个比例就是减速比。发送周期的计算公式如下，其中减速比的取值是 2^n，n 为不大于 16 的整数。

$$Send\ Cycle = Phase \times Reduction\ Radio$$
$$= 31.25 \times Send\ Clock\ Factor \times Reduction\ Radio$$

还有一个重要的概念就是 IO 系统的更新时间。PROFINET IO 系统的主要特征是交互过程数据的更新时间，它能体现系统的对外部事件的反应时间，并且可以为一个 IO 设备定义不同的输入和输出间隔。系统更新时间应该等于所有 IO 设备当中最大的更新时间，因为经过这个时间后，所有的 IO 设备都完成了一次数据通信。

① 满足一致性类别 A 与 B 的 IO 系统更新时间最短为 1ms，以 2 的幂次方递增，最大为 512ms；

② 对于一致性类别 C 的系统更新时间最短可以达到 31.25μs。

写本节的时候恰逢中小学期末考试，这里随机想出一个数学计算题，算是应景吧：已知 IO 系统的总线周期是 8ms，其中有 4 个设备，设备 1 的发送周期（Send Cycle）是最大的，每隔 8ms 发送一次，而设备 4 的发送周期是最小的，每 1ms 要发送一次，其余两个设备发送周期如图 5-13 所示，求 IO 系统的节拍（Phase）、发送时钟因子（Send Clock Factor）以及每个设备的减速比（Reduction Radio）是多少？

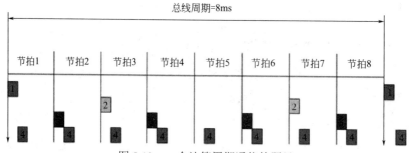

图 5-13　一个计算周期通信的题目

解：

节拍数目 = 最大发送周期（Max Send Cycle）÷ 最小发送周期（Min Send Cycle）=8÷1=8，

节拍长度 = 总线周期（Update time）÷ 节拍数目 =8÷8=1 ms，

发送时钟因子（Send Clock Factor）= 节拍长度 ÷31.25 μs=1ms÷32.25μs =32，

设备的减速比（Reduction Ratio）= 每个设备发送周期 ÷ 节拍长度，

答：计算结果如表 5-7 所示。

表 5-7　计算题结果

设备	发送周期	减速比	发送时钟因子	节拍 Phase
1	8ms	8	32	
2	4ms	4	32	1ms
3	2ms	2	32	
4	1ms	1	32	

循环通信就是将通信定义成每隔一定时间都要做的事情，那这个每个时间段就是总线循环周期。发送时钟因子就像共性因素，乘以 31.25 μs 就得出了节拍；而减速比就像个性因素，决定了每个设备数据刷新的时间，让 IO 系统内的设备有不同的更新时间。

5.5.4　其他和通信相关的时间参数

分布式设备还需要从时间的角度去进行分析。那么，除了上述周期的概念，还有哪一些和时间有关的参数呢？如表 5-8 所示。

表 5-8　其他通信相关的时间参数

时间参数	英文	说明
看门狗时钟	Watchdog time	系统更新时间的 3 倍，用户可以修改
数据保持时间	Data hold time	和数据保持因子有关系
程序扫描时间	Scan cycle	PLC 程序执行一次处理所需要的时间
传输时间	Transmission time	最大报文长度乘以 8 再除以传输速率

看门狗时间是指一个时间阀值，若在这个时间内 IO 控制器没有给设备输出数据，那么 IO 设备将出现故障，并作为故障报告给 IO 控制器。传输时间是指从传输开始到传输介质的另一端出现冲突指示之间的时间段，长短取决于传输速率，如表 5-9 所示。

表 5-9　传输时间

物理硬件	64 字节传输时间	1518 字节传输时间	IEEE 标准
10Mbps 以太网	51.2μs	1222.4μs	IEEE 802.3
快速以太网	5.12μs	122.24μs	IEEE 802.3u
1Gbps 以太网	4.096μs	12.224μs	IEEE 802.3z

5.6　小结

　　控制系统通信网络是指在某个区域内现场检测、控制、操作和通信线路的集合，使该区域实现资源共享与协调操作，将原来分散在不同地点的现场设备连接成网络，打破自动化系统原有信息孤岛的僵局，为工业数据的集中管理与远程传输、为控制系统和其他信息系统的连接与沟通创造了条件。

　　目前所做的相关设置，最终目的都是为了改善控制系统在其整个运行周期内的相互协调性，从而更好地为人类服务。

⑥ 优化 PROFINET 网络——玉不琢，不成器

现在做什么产品都格外重视客户体验，网络接好了也应该让用户体验一下，然后给出一些反馈意见才好。

项目经理：怎么样，联机游戏玩得还满意吧？

用户：还好，就是有时会出现一些问题。

项目经理：什么样的问题？

用户：比如说游戏时画面不是很流畅，还有就是如果想躺在床上玩，就必须拖一根长长的网线才行，而且有时还想连到外网看看……

接下来，项目经理会在项目例会上和项目成员讨论用户的反馈意见。

员工：估计是在搭建网络的过程中哪里没有考虑周全。

项目经理：许是刚建的局域网难免会有些问题，古语说得好，玉不琢不成器嘛。

员工：我们会考虑对系统网络进行优化；另外可以考虑使用无线网络来组成局域网，这样就方便了，想怎么玩就怎么玩；最后还可以想办法接入外网。

6.1 影响网络性能的不合理因素

在讲网络优化之前，先讲一个和大家生活密切相关的话题。如果你经常开车的话，一定会体会到一种闹心——城市道路拥堵（见图6-1），尤其是出现在假日或上下班高峰时刻。此情形常出现于世界上各大都市区、连接两个都市的高速公路，以及汽车使用率高的地区。人们经常把容易塞车的道路，称为交通瓶颈。

图 6-1　城市道路拥堵

首先，由于汽车的方便，导致市区内车流日益升高，但现有道路无法负荷如此大的车流量，从而造成堵塞。其次，道路容量不足或者道路设计不妥也容易造成交通拥堵，如北京的道路，主要是规划成辐射状，此设计虽然方便市郊间的往来，但也导致上下班时市区的重要干道出现拥堵。再者，道路交会处会因为交通信号标识暂时阻断车流行进，若信号设计不太合理同样会使得车流量过大，产生拥堵。

如果说道路是车辆通行的载体，那么网络就是数据传输的载体了。既然道路交通会因为以上原因导致拥堵，那么网络也会因为某些原因出现这样或那样的问题（见表6-1）。

表6-1 道路拥堵与影响网络性能的因素

城市道路拥堵的原因	影响网络性能的因素
汽车使用率增加	设备个数以及每个设备需要传输的数据量
道路容量不足或设计不妥	网络拓扑结构不合理
路口的交通信号灯设计不合理	设备更新时间的设置不合理

6.2 如何优化网络

正所谓"兵来将挡，水来土掩"，每年政府都会采取措施解决城市道路拥堵问题，而这里也将根据以上原因对PROFINET网络进行优化。

6.2.1 考虑设备合理的数据量

在分析网络负载时，要考虑以下因素：有哪些通信关系、每个网络节点有多少数据量、更新时间。比如说，每个设备都需要40字节，有20字节输入与20字节输出，网络负载几乎是随着设备数目线性增加。图6-2显示了在PROFINET总线周期内数据的组成。

首先，要根据需要确定每个设备的实时数据量与非实时数据。在IO系统中，IO设备与IO控制器在一个系统总线周期内会传输大量数据，如果实时通信负荷不大于总带宽的50%，那么可以认为IO系统能够同时兼容实时和非实时通信。当然，也需要考虑传输视频流或非周期读写数据的设备对整个网络负载的影响，需要根据实际情况调整。

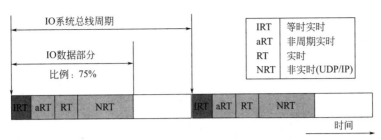

图 6-2　PROFINET 总线周期内通信数据组成

6.2.2　改进网络拓扑结构

如果网络是通过交换机连接，那么交换机这里的数据量最大，那么合理地调整拓扑结构可以减少网络负载，为网络扩展预留带宽。而且，在 PROFINET 网络中集成一般以太网设备可能会增加数据量，比如说人机界面（HMI）、条码扫描仪、工作站或类似的设备通常是不会增加多少数据量，但图像检测系统、环状传输数据、质量数据服务器等就会明显增加数据量，因此应该分析这些一般以太网设备的对网络负载的影响。

为了避免降低网络性能，应该验证网络的拓扑结构。如果一个网络设备会明显增加数据量，那么要根据网络负载调整拓扑结构，使得大流量数据通过单独的路由。有时，调整线形连接的深度，即级联设备的个数也能改善网络负载。

第 4 章的图 4-20 显示了一个网络负载的例子，在控制系统通信网络中增加了一个网络摄像机和一个工作站，工作站通过摄像机实现视频监控。如果采用图 6-3 左边所示的拓扑结构，那么网络摄像机的数据流会增加了圈中这个交换机端口的网络负载。这时，如果将网络拓扑接线改成图 6-3 右边所示的结构，将网络摄像机直接连接在一个单独路由的交换机端口，那么就能减少对采用线性方式连接的 PROFINET IO 系统通信的影响。

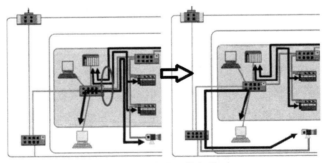

图 6-3　改进网络拓扑

6.2.3 合理设置周期时间

道路负责车辆通行，而网络负责数据通行。在传统的共享以太网中，所有的节点共享传输介质，而且拥有平等的通信权利，可以随时发送数据也将接收数据，如何保证传输介质有序、高效地为许多节点提供传输服务，就是以太网的介质访问控制协议要解决的问题。那么如何设定循环通信能够保证大大降低发生冲突后丢失数据的不良后果，尽量保证节点发送的所有数据都能传输到目的节点，从一定程度上保证了数据通信的确定性，如何设定循环通信的周期就将直接影响到以太网提供的通信服务是否满足高效的特点。

举个例子来说，如图6-4所示，十字路口的交通信号灯会对控制交通流量起到非常重要的作用。现在南京的交通信号灯几乎都使用自动化控制。为了四个路口的道路通行顺利，就需要对信号灯进行周期性的控制。所以在交通类广播节目报路况的时候，某某路口是否拥堵总是用一个信号周期能否通过路口来衡

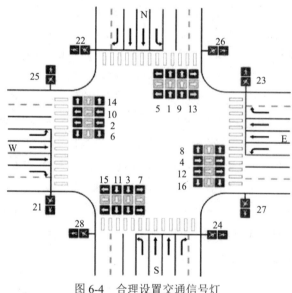

图6-4 合理设置交通信号灯

量，一个信号周期就是指从两次指示可以通行的绿灯亮起时，它们之间的时间间隔，也算是路口交通指挥系统的总线周期。这个周期设得过短，那么每次通行的车辆不多，过长的话则每次等待的时间又会很长。所以说交通信号周期的设置是否合理，将直接影响这个路口的交通通行效率。

回过头来先看看PROFINET IO系统的总线周期，优化总线周期可以有效

地减少网络负载。IO 系统是通过节拍确定传输数据的快慢，而节拍又通过发送时间因子计算得出，如何选择合适的系统通信周期主要是通过 IO 控制器的运行周期决定，需要比 IO 控制器运行周期至少快两倍。比方说 PLC 的运行周期为 20ms，那么更新时间最好选 8ms，这样控制器就能按照期望的更新时间来控制 IO 设备，当然也可以选 4ms、2ms、1ms，但这样会增加很多不必要的流量，就像领导本来是要求你一周汇报一次工作就够了，现在每天汇报一次，你会觉得不爽。

再看看每个设备更新时间的设置。为了避免网络负载过高，需要优化设备刷新时间。前面我们知道每个设备的更新时间是由减速比设定，减速比不是随随便便设定的，取值有以下三方面讲究。

首先，减速比取值只能是 2^N，N 是 0 到一个上限值的整数，为什么取值还有上限呢？这是因为 IO 系统需要实时，而实时就要求总线周期不能过长。

然后为什么只能是 2 的幂次方而不能任意定义呢？这也是为了缩短系统总线周期，也就是减少所有设备数据完成一次传输平均所需的节拍数。因为总线周期是所有设备刷新时间的最小公倍数，比如说有 3 个设备 A、B、C，分别以 2ms、4ms、8ms 刷新，那么总线周期就是 8ms，但如果 C 是以 6ms 的周期更新，看上去 C 也加快了刷新的频率，应该能缩短总线周期了吧？但实际上总线周期却变成 12ms，反而变长了，这就出现了"欲速而不达"的结果。

接下来又有人还会问了，把每个设备定义成一样的更新周期 2ms 不就行啦，设计上没有任何问题，但实际应用时，控制器对不同作用的数据需求的紧急程度是不一样的，就像高明的领导往往不需要所有手下每天都汇报一次工作，那样他自己的工作就没有效率了，也就是说不是每个设备都需要那么高频率的传输数据，频率高了网络负载就重了。如果每个设备发送的数据不多还好，因为领导还算受得了每天几句话的汇报。如果每个都要发送不少数据给控制器，领导每天都要听取长篇大论的汇报，运行的结果就像《大话西游》电影里小妖听唐僧唠叨的结果一样——疯掉了！所以说对于机器人控制系统来说，位置、速度、加速度等变化较快的参数需要及时反馈，而对于过程控制来说，温度、液位、湿度等变化较慢的参数就不需要报告的那么勤快了。

6.3　使用无线传输

现在大家去哪休闲，都会问这儿有没有无线网络呀，所以说无线通信已经成为与大家生活密不可分的技术了。就像大家有时候在宿舍一直坐着玩游戏会觉得挺累的，想躺在床上玩，不过网线没有那么长，或者拖长长的网线会影响其他同学，怎么办？这时候使用无线传输就可以改进布线了。

对于工业现场环境来说，无线传输尤其适用于对机械限制、安全性要求或其他的电气线路不适合的区域，可以应用在包括移动系统、接线相对困难的接近开关、移动操作和监控、自动导向车系统等（见图6-5）。

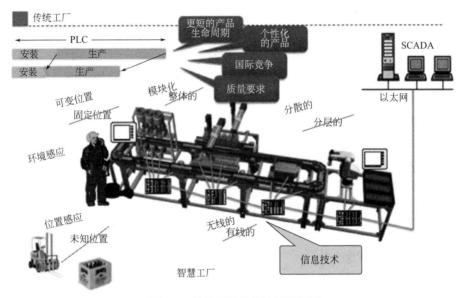

图6-5　使用无线网络的智慧工厂

不同于有线连接，无线通信利用射频（RF）的技术，使用电磁波，取代旧式碍手碍脚的双绞铜线所构成的局域网络，在空中进行通信连接，使得无线局域网络能利用简单的存取架构让用户透过它，达到"信息随身化、便利走天下"的理想境界。使用无线技术需考虑影响无线传输的各种因素，图6-6显示了影响无线传输的不同因素：

①传输距离导致信号衰减；

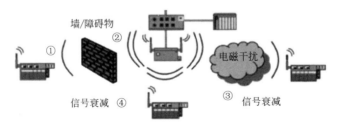

图6-6　影响无线通信的因素

② 无线电波遇上障碍后反射；

③ 相同频率的信号源直接相互干扰或者 EMI 电磁干扰；

④ 衍射、信号经过障碍后被吸收。

PROFINET 支持无线传输，根据传输速率、范围、参与者的数目和处理对象的不同，会有不同的应用领域。因此在使用无线局域网通信时需要注意：

① 无线通信支持不同的数据传输速率，对 PROFINET 无线通信节点的数目有限制；

② 无线网络的传输速率通常较低，应该为无线局域网设置合适的总线更新时间；

③ 现场大都用中心接入点作为无线通信的基础设施，注意每个接入点客户端的数目。

6.4　与更高级别的网络（企业网）通信

一直玩局域网游戏，大家是不是有点玩腻的感觉？是不是想挑战一下自己，去"浩方"网络对战平台试试自己实力了？或者说不想玩游戏了，想用 QQ 聊天或者想看看韩剧，还是说想浏览一下网站？没问题，可以将已有的局域网连入更高层次的网络，比如校园网或者接入互联网中（见图 6-7）。

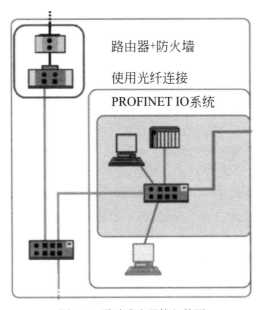

图 6-7　通过路由器接入外网

在许多情况下，自动化工厂有必要连接到一个更高层次的网络。PROFINET是基于标准以太网之上的，连接到高层次网络必须始终遵循IT标准。大多数情况是使用路由器连接到高层次网络，出于安全考虑，路由器应该具备防火墙功能。

6.5 安全

任何一项新技术发展历程上看，都必须经历考验才能成熟，当前一个影响工业以太网的发展的关键无疑是安全问题，只有让应用与安全起飞，才能让工业4.0的建设更加安全、平稳。

当前以太网技术越来越多地用在工业自动化中，比如说通过因特网远程访问公司内网或者维护现场设备，所以风险增加了（比如说黑客攻击、数据操作、病毒和木马程序等）。对自动化领域来说，原来办公环境下的安全概念就不够了，需要开发基于工业以太网的、自动化系统的网络安全技术，比如说访问控制、数据加密、鉴别和安全日志的记录事件。

防火墙可以阻止未授权的网络访问。多播和广播报文不会再路由器中停留，可以局域网内的数据流量。路由器就是一个边界，隔离了不同网络区域，只运行授权的网络访问。请记住，PROFINET实时通信和等时实时通信是不可能通过路由器的。

6.6 小结

由于视频、语音信号等大流量数据的传输对网络带宽的要求较高，所以对控制系统通信网络提出了严酷的挑战。于是，合理地配置与优化通信网络将显得十分重要，不仅能让控制系统具有良好的灵活性和可扩展性，而且成本更低、可靠性更高、组态方便、控制灵活、调试效率提高、操作更为简单。

经过前几章的详细描述，我们已经构建了一个满足工业3.0的、基于PROFINET的、性能优异的生产线控制系统通信网络，可以说达到了"色香味俱全"的效果。

在工业4.0时代，工业大数据的重要性已经不言而喻。而伴随着控制系统的自我完善，系统将产生大量的数据，同时通信网络也将传送大量的信息，鉴于大数据无处不在的特征，这些海量的数据信息应该如何加以开发与利用呢？后面的章节将会详细描述。

大话PROFINET
——智能连接工业4.0

提高篇

欲穷千里目，更上一层楼。初中时考试卷子总有一些附加题，能答上来的同学都很有成就感，因为这证明你很厉害，不仅掌握了基本的知识，还能做得更好。

⑦ PROFINET IO 诊断与检测技术

经过基础篇中几个章节的叙述，宿舍局域网就已经搭好了，而且尽可能做到了优化。大家也已经想玩什么就玩什么了，想怎么玩就怎么玩。不过，无论是什么系统，在运行了一段时间后都容易出现这样或那样的问题。

在宿舍里毕竟是在玩游戏，如果网络出了问题一时半会儿解决不了的话，大不了就是暂时不玩网络游戏了，还可以用电脑干点别的事情，回头慢慢找问题呗。但工业控制系统通信网络如果出现问题而不能及时解决的话，那么整条生产线就"duang，歇菜了"，甚至造成人员伤害或者设备损坏，这可不得了。

图 7-1　PROFINET 诊断

既然网络故障不可避免的，网络建成运行后，就需要 PROFINET IO 系统诊断（见图 7-1）与检测等重要的技术来保障系统运行，诊断是系统自己发现问题，检测是通过外部手段检查出问题的原因。

7.1　PROFINET IO 诊断

听到"诊断"这个词，大家第一印象应该是医生对人们身体情况和精神状态做检查并得出判断。其实在自动化控制系统中，"诊断"的意思相当于系统运行过程中的自检，就像人体系统对内部机体的一种自我保护机制，比如说身体遇到病毒或细菌侵害就产生头晕、发热、肚子疼等症状，而皮肤在接触有害物质后会引起灼烧、刺痛、麻痹等感觉。对于一个自动化控制系统来说，诊断功能是否强大很大程度上决定了该系统是否可靠。PROFINET IO 系统的诊断分为两大块内容——设备诊断与网络诊断。

7.1.1 设备诊断

设备诊断的内容包括报警、标准消息和生产商自定义的消息，能够给设备开发者所需要的提示，提醒使用者发现设备潜在故障并提前维护。系统诊断一般包含以下功能：

① 运行过程中产生报警事件；

② 在控制器程序运行期间出现设备生产商自定义的事件；

③ 设备读出故障消息，并用文字描述故障产生原因；

④ 提供维护所需要的信息。

PROFINET IO 系统有过程报警与诊断报警。过程报警不仅在产生时会发出，在消除时也发出，当设备运行过程中出现报警，如传感器测出的温度值过高，就会产生过程报警，这时 IO 设备仍正常工作。这点很像是手遇到烫的东西传递给大脑产生一种灼烧感。

PROFINET 的设备诊断与 PROFIBUS 类似，可以显示子槽和指定通道的诊断信息。诊断指示了某种情况，由于在设备 GSD 文件中定义了详细的报警原因，因此诊断工具可以解析出简单的故障信息。当设备本身出现问题，如设备与执行单元断开连接了，就会产生诊断数据。而产生诊断报警时，IO 设备就不能正常工作了。这点就像身体遭遇病毒侵袭后就发烧了，然后人只能卧床休息，干不了别的事情。

如表 7-1 所示，PROFINET 组织根据多年的经验，预先定义了一些报警来满足一般需求，而且设备生产商还可以自定义诊断报警。

表 7-1 PROFINET IO 系统诊断

PROFINET 规范定义	诊断报警	描述
Pull-and-Plug Alarm	模块插拔报警	设备发出后控制器重新组态
A return-of-submodule Alarm	子模块恢复	子模块数据状态由坏变好
Redundancy Alarm	冗余报警	设备发现冗余 AR 变化后发出
Supervisor Control Alarm	监视器控制报警	监视器对 IO 元素的控制与否
Supervisor Control Release	监视器控制释放	
Status	状态变化	模块状态变化
Update	更新	模块参数改变
Plug Wrong Submodule	拔出错误子模块	拔出错误子模块

续表

PROFINET 规范定义	诊断报警	描述
Profile-specific	行业规范定义的报警	行规规定
Multicast provider communication running	多播通信运行	生产者广播数据
Multicast provider communication stopped	多播通信停止	
Sync Data Change Notification	同步数据变化通知	时钟同步改变
Diagnostic Appears	诊断出现	报警处理等待或传入报警
Diagnostic disappears alarm	诊断消除	没有需要等待处理的报警
Isochronous Mode Notification	同步模式通知	同步应用出现问题
Port Data Change Notification	端口数据改变	端口数据改变产生通知
...	制造商自定义报警类型	

报警属于非周期实时通信，报文类型是 0x8892，而 RT_CLASS_UDP 的报文类型是 0x0800。报警是需要应答的，收到报警的控制器要是没有预先定义该报警信息也必须回复，内容可以回复"未支持的报警"。

7.1.2　网络诊断

网络故障不可避免，网络建成运行后，故障检测与诊断是为了管理的重要技术。网络诊断的主要任务是探求网络故障产生的原因，从根本上消除故障，并防止故障再次发生。

网络诊断是近代发展的一种新的网络测量与推论方法，透过可收集到的有限资讯来推估无法观测的网络资讯，主要分成被动诊断与主动诊断两类问题。被动诊断是资料从个别节点搜集，去寻找路径上的资讯，问题在估计起始节点至终端节点之流量矩阵。主动诊断是借由设置接收节点，向接收节点发送大量的封包，根据接收节点收集到的测量数据，分析网络内部有兴趣的参数或识别网络拓扑结构。而衍生出来的统计问题称为统计反向问题。

现在大家对健康问题越来越重视，不少大公司也会组织员工定期体检，体检项目根据不同套餐会有多有少，不过一般来说常规检查项目都是有的，比如说量身高体重、血压、心率什么的，这些常规检查看似简简单单，使用的方法和器械也比较常用，却能初步反映身体的一些状况。

所以说对于一般的网络诊断，可以采用简单的测试手段，最常见的就是电脑上自带的 ping 命令（见图 7-2）。ping 命令的工作原理很简单，一台网络设备发送请求等待另一网络设备的回复，并记录下发送时间。接收到回复之后，就可以计算报文传输时间了。只要接收到回复就表示连接是正常的。耗费的时间喻示了路径长度。重复请求响应的一致性也表明了连接质量的可靠性。因此 ping 回答了两个基本的问题：

① 是否有连接？

② 连接的质量如何？

```
C:\Users\Administrator>ping 122.225.109.209

正在 Ping 122.225.109.209 具有 32 字节的数据:
来自 122.225.109.209 的回复: 字节=32 时间=155ms TTL=118
来自 122.225.109.209 的回复: 字节=32 时间=27ms TTL=118
来自 122.225.109.209 的回复: 字节=32 时间=10ms TTL=118
来自 122.225.109.209 的回复: 字节=32 时间=18ms TTL=118

122.225.109.209 的 Ping 统计信息:
    数据包: 已发送 = 4, 已接收 = 4, 丢失 = 0 (0% 丢失),
往返行程的估计时间(以毫秒为单位):
    最短 = 10ms, 最长 = 155ms, 平均 = 52ms
```

图 7-2　ping 命令

通常一串稳定的回复意味着健康的连接。如果报文丢失或丢弃，可以在 TTL 中看到跳数，以及丢失报文的编号。

7.2　PROFINET 检测

一个重要的概念：数据≠信息≠价值。先进的传感器与通信技术使得获取数据不是难事，但有了数据并不代表一定能产生价值，因为数据不一定有用；就算有了可利用的数据，也得想办法转化为有用的信息；还要知道如何能从信息中产生价值。

如今工业 4.0 时代要求在实时的、动态的、大数据的过程中，进行关联、评估与预测，实现多问题、多环节乃至整个产业链的协调与优化。从设备的运行时各种通信数据入手，通过统计分析、特征提取、关联挖掘、模式识别和深度学习等方法，实现对系统运行情况的认知和预测。评价生产系统的关键指标是产量、质量、成本和精度，利用数据去分析和了解影响生产系统的关键指标，是能否实现智能工厂的关键。

去医院看病是大家经常要遇见的事情。众所周知，人是一个复杂的系统，平时吃五谷杂粮，会生病不舒服，生病了就要就诊，到了医院后第一步就是挂号，你得大致知道是外科还是内科。遇上一些破了、伤了、断了什么的外科事故，医生一般会比较直观地知道哪儿出问题了、怎么回事以及如何处置；而对于遇上了头痛、发烧、拉肚子什么的内科毛病，医生就要借助验血、验尿、B超之类的检测手段来寻找问题原因，也就是说要通过阅读检查报告上的很多指标来反映人体系统到底是哪个部分出了问题。

这下子扯的有点远，现在言归正传。PROFINET IO 也是一个系统，包括设备和协议，运行的过程期间也会出问题，也需要诊断和检查，最后好也要稍加区分，即分为物理层和逻辑层。这样就可以把设备可以定义成物理层，协议定义成逻辑层。要准确地分析和诊断网络，找出网络问题的原因，可以分别从物理层和逻辑层有针对性的分析，也就是说 PROFINET 的测试指标大致也分为物理层与逻辑层两大类，见表 7-2。

表 7-2　PROFINET 的测试指标

项目	物理层	逻辑层
类比	外科	内科
检测对象	网络设备、交换机、电缆	通信协议
指标	长度、串扰、衰减、信噪比、传输速率、带宽、信号电平、输入输出阻抗、信号稳定度	误码率、延时、抖动、丢包率、稳定性、设备掉线
检测工具	线路测试仪	报文分析软件

协议可以理解成机器之间交谈（通信）的规则。就像两个人之间通信，不仅需要信纸、信封、邮局、运输工具，还需要通信的规则，包括需要用相同的语言、有通信人的名字、通信人的地址、邮编等。普通以太网性能优劣简单地说可以从三个方面去衡量：所有写的信收信人是否都收到，丢了多少信；信的内容是否正确；一个时间段内最多可以发出多少信。PROFINET 源于以太网而高于以太网，对其测试则需要多一些衡量的指标：在一段时间内重要的信和不太重要的信的数量比例，发送两次重要的信件所需的时间差别有多大。PROFINET 逻辑层检测内容见表 7-3。

表 7-3　逻辑层检测内容

指标	说明	性能指标
抖动	PROFINET IO 系统每次的刷新时间之间的细微不同	确定性
报文缺口	丢包率，或者说丢包数	健壮性
流量比例	一个通信周期内 PROFINET 实时报文与 TCP/IP 报文的数量比	流量比例
流量	可以理解成带宽，反映网络负载	带宽
错误报文	报文内容出错，反映误码率	正确报文
设备掉线	如果设备掉线（Lost Nodes）率低说明可靠性低高	可靠性

为了对网络进行诊断，有以下任务：分析、监控、设置、测量。工业 4.0 要求核心技术是利用智能诊断工具和分析方法来实现预测分析。需要整理出测试 PROFINET 通信网络的方法和指标，最后检测实际网络，通过侦听的结果来判断网络故障到底出在什么地方。

7.3　诊断与检测工具

前段时间听到一个令人伤感的消息，那就是科比·布莱恩特在 2015—2016 赛季结束后就退役了。科比的 NBA 职业生涯伴随着我们这个年代的人度过了青春岁月，笔者对他大部分比赛都能如数家珍，在比赛中经常能看到他精彩的表演，但有时也会看到这位巨星受伤。对于一般的小伤，队医马上就知道哪儿出问题了，并采取处理措施，比如为伤口止血或者冰袋冷敷什么的；而对于一些较重的伤势，比如扭伤、崴脚、拉伤什么的，则需要通过核磁共振等高级的医学检测手段来判断伤情是否严重了。

其实笔者想说的是，当一个 PROFINET IO 系统出现问题后，也是需要一些网络诊断与测试的方法和工具，而且有时还需要借助专门的测试手段和专业的技术指标。

因为一个 PROFINET IO 系统运行时不光会出现断线、短路、机械损坏等故障，还会出现诸如信号差、设备丢失、不能及时响应等"内科"问题。这时就需要工程师借助专门的检查工具和分析方法来寻找问题，有时甚至要对通信的每个数据包分析，排查出问题的根本原因，才能拿出行之有效的处置办法，从而减少设备故障率，提高生产效率，降低设备维护成本。要知道，提高效率与降低成本是每次工业革命所需要达到的重要目标之一。

7.3.1 线路测试仪

而对于让人费解的线路问题，则需要专门的检测手段和专业的测试仪器了。熟悉 PROFIBUS 的工程师们也许用过 PROFIBUS 总线测试仪（见图7-3），可以对总线物理层进行检测，比如发现从站地址、接口好坏、电缆长度及信号反射，而且国内已经有公司能够自主研发相关的总线诊断工具。PROFINET 也有诸如线路检测仪（见图7-3），能够检测网线的长度、串扰、衰减、电阻、屏蔽和接线图等方面。这里列举德国一搜公司的一种产品。

图 7-3　线路检测仪

记得过去要量个体温，使用体温计，不仅易碎、操作不方便，而且测量时间很长。现在都用手持式体温表，使用简单读数快。所以看到这种手持式的线路测试仪器，第一感觉就是使用起来应该会比较方便。其实该工具的实现分为四个步骤：数据采集、信号处理、特征提取和结果可视化。

7.3.2 PROFINET 网络诊断工具

由于线路的老化，现场环境恶劣，设备寿命缩短，导致现场整个 PROFINET 系统时不时会出现间歇性的故障，有时持续时间非常短，人为很难准确地察觉到故障的发生时间和发生地点，由于这些不可预知的故障，有时也会出现直接停机的持续故障。严重影响生产质量，给企业带来了不可预估的损失。

相对于指派总线以太网诊断高手紧急赶赴现场进行故障排除，目前还有一种更加防患于未然的解决方案是：在线监测方案加手持诊断方案的配合使用。首先安装使用在线监测模块找到相应的故障时间和故障设备，然后再用手持诊断的手段到具体的故障现场解决问题。

Inspector 是一家德国公司出品的网络诊断工具，包括硬件和软件，如图7-4所示，能够嵌在控制器与网络之间，获取各种数据包（周期性数据、诊断报文、UDP 数据、IT 数据等等），并按照上述相关指标以列表的形式呈现出来。该套工具在捕获数据包的同时，对数据做了一些分析、统计、判断与显示的处理，让用户尽可能直观地得到网络性能的资料。在线检测功能有利于管理人员及时准确地发现，都以时间、地点、事件的方式详细记录，在线查看趋势图，网络拓扑结构，并给出相应的故障可能性和诊断建议。

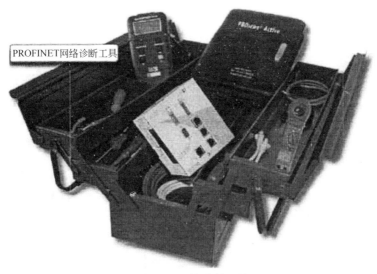

图 7-4　网络诊断工具

这套网络诊断工具的核心在于其统计算法是基于该公司 30 多年现场总线诊断所积累的经验，因此是收费的，而且不太便宜，不过回过头想想，正所谓"好货不便宜"嘛。这个产品设计思路可以用"煎蛋模型"来加以分析和说明，一个核心产品不仅是一种产品（蛋黄：产品本身），还有很多配套服务（蛋白：服务衍生价值）。这如同煎熟的蛋，每份的蛋黄其实都差不多，但蛋白却大异其趣；也就是说，在产品差异化不大的情况下，配套服务才是制胜的关键。在设备管理上引进了检测分析模型，由于生产环节十分复杂，因此使用监控参数对其设备进行分析，从分析结果可以提前预测到早期的故障特征。

7.3.3　报文分析软件

对于一些内科疾病，则需要验血，通过检查血常规中诸多指标来寻找发病的原因。以太网上的信息是通过报文来传输的，网络运行十分正常也是通过报文来体现的，那么网络报文分析软件就是获取、分析、显示报文的常规手段，相当于血常规的检测仪器。

一条标准的以太网数据报文包括前导同步码（PRE）、报文开始分界符（SFD）、目的（DST）与源（SRC）MAC 地址、类型（TYPE）、数据（DATA）

与校验（FCS），需要重点讲解的部分是目的与源 MAC 地址、类型与数据等部分内容，见表 7-4。

表 7-4　以太网报文的构成

PRE	SFD	DA	SA	VLAN（可选）	len/type	data	FCS
7	1byte	6	6	4	2	46 ～ 1500	4

Wireshark 是一款及其常用的网络抓包分析软件，能够获取网络数据包并尽可能显示出最为详细的数据包资料，最关键的一点就是它是免费的。这里需要稍作澄清，Wireshark 软件捕获的是去掉前导同步码、报文开始分界符、FCS 之外的数据，如图 7-5 所示。

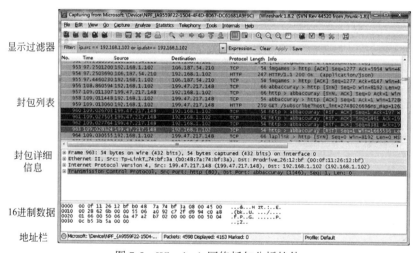

图 7-5　Wireshark 网络抓包分析软件

7.4　其他软件

以下软件不算是 PROFINET 的检测手段，只是一种辅助的工具软件，正如工业 4.0 所支持的那样，很多情况下是需要使用软件进行仿真模拟的。

7.4.1　IO 控制器模拟软件

一家企业乃至一个行业的未来，将越来越不可能仅仅取决于企业或行业本身，起决定作用的或许正是工业软件。通过工业软件，可使生产工序及系统组件间实现交互，这种交互不止作用于生产层面，还作用于业务层面，实现虚拟与现实的融合，并将企业和外部组织连接在一起。

比如说想测试 IO 设备的某些功能，但是手上没有一台 IO 控制器的硬件，如果仅仅为了验证某个功能而购买一台控制器又显得有些浪费，这时怎么办？是时候叫出"能将虚拟与现实融合的工业软件"来一展身手了。这里介绍一个 IO 控制器模拟软件，如图 7-6 所示，该软件可以模拟一个 PROFINET IO 控制器，一般会有以下功能：

① 显示来自 PROFINET IO 设备的输入和输出数据；

② 给 IO 设备发送输出数据；

③ 给出报警提示；

④ 将所有事件记录在一个日志文件中；

⑤ 载入一个简单的配置文件就能轻松实现组态配置。

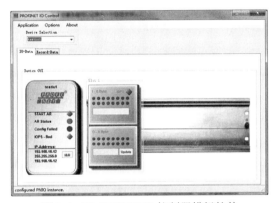

图 7-6　PROFINET IO 控制器模拟软件

7.4.2　XML 分析软件

前面提到的 XML 是可扩展标记语言，是基于文本的元语言，用于创建结构化文档。XML 提供了定义元素，并定义它们的结构关系的能力。XML 不使用预定义的"标签"，非常适合用于说明层次结构化的文档。XML 文件很大的优点是内容可以检验。

用户通常并不想去阅读枯燥的 XML 描述文件，也不想学习与描述文件相关知识，只想看到一个 PROFINET 现场设备的功能。为此，PI 国际组织提供一种 PRFOINET XML Viewer 工具软件，并集成了一些 PROFINET 设备的 GSD 文件示例。

XML 浏览器软件可以加载设备描述文件，为用户直观地列出设备功能。

XML 浏览器解释这样的文件，并且通过加载一个 XML 文件对其语法进行检查。
PRFOINET XML Viewer 是可视化并检查 PROFINET GSD 文件的工具（见图7-7），
支持以下特性：

    ① 以列表和文档形式清晰显示 GSD 文件内容；

    ② 包含 XML Schema 定义（xsd 文件，描述 GSDML 文档的结构）；

    ③ 通过专门的工具可对 GSD 文件进行详细检查，包括文件语法检查。

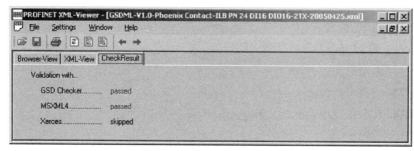

图7-7　XML 文件分析工具

可使用标准 XML editor 来编写 PROFINET 设备的 GSD 文件。目前 PI 发布的
GSDML 规范的最新版本为 V2.31，可用来描述满足 PROFINET V2.3 版本的设备
特性。另外，还有不少 PROFINET 辅助工具可以到这个网址去下载（见图7-8）：
http://www.profibus.com/download/software-and-tools/。

图7-8　PROFINET 辅助工具下载

7.5　小结

数据是未来工厂的关键元素。随着虚拟与现实世界的不断融合，人、数据

和机器相互连接，形成开放的网络。人与人、人与机器、机器与机器之间将发生对话和信息交换，海量数据提供的"经验"将帮助企业对生产中复杂多变的状况做出精准判断和快速反应。如今，大数据的重要性已经不言而喻，在智能工厂中，生产制造各个环节的数据采集、传输、存储、运算、分析都是至关重要的。对于智能工厂的运行而言，大数据的战略意义不仅在于掌握庞大的数据信息，更在于对这些含有意义的数据进行专业处理，所以先进数据分析工具在未来制造业的地位将越来越重要，而先进的检测工具与软件则是维护智能工厂的基础。

随着工业 4.0 对万物互联的要求空前升级，现场总线与以太网中的一些细小的故障，都将有可能导致整个控制网络的瘫痪甚至停机，将对智能工厂造成不可估量的损失。此时，PROFINET 诊断和检测技术将变得至关重要了。网络诊断与 PROFINET 测试也是为了发现故障的原因，找到解决问题的方法，甚至提前预判出系统可能会出问题，会出什么样的问题，好提前拿出解决方案，做到防患于未然，防微杜渐嘛。

⑧ PROFINET 通信协议——没有规矩，不成方圆

通过分析数据发现需求、预测制造，利用数据去整合产业链和价值链，这是工业 4.0 的思维。现在各个领域都在谈大数据，但是大数据本身并不是一个问题，而是一个看待问题的新方式。大数据只是一个现象，其本身并不重要，利用大数据创造价值才是根本目的。工业 4.0 是在不可见世界中的战争，而数据分析则是连接可见于不可见世界的桥梁。

前一章通过 PROFINET 检测技术采集 IO 系统运行时的通信数据，而要想创造更大的价值，就需要分析通信数据，只有对网络有一个充分的认知方能发现并解决问题。

首先就要在以前认知的基础上充分了解工业以太网，其次找到合理的网络分析工具获取数据包，然后通过数据包分析 PROFINET 中包含的各种协议以及通信服务。表 8-1 显示的是 PROFINET 协议的基本组成以及在 OSI 通信模型中的位置。

表 8-1 PROFINET 协议组成

ISO/OSI	PROFINET IO		PROFINET CBA	
7b	IO 协议		CBA 协议	
7a		Connectionless RPC	DCOM&RPC	
6				
5				
4		UDP（RFC 768）	TCP	
3		IP、ARP、SNMP、DCP、DHCP		
2	IEEE802.3 FULL Duplex, IEEE 802.1Q			
1	IEEE802.3 100 BASE-TX, 100 BASE-FX			

术业有专攻，高手之所以能成为高手，跟其掌握知识的程度有直接关系，比方说医生拿到了检查报告后，最重要的是如何通过报告上的各个指标找到真正病因。所以说要充分掌握 PROFINET 技术，成为真正的高手，就必须熟悉系统的运行机理与数据报文的组成，不了解一些更深层次的内容怎么行呢？不多学一点怎么能为工业 4.0 做点什么呢？男人嘛，就该对自己狠一点。

8.1 PROFINET IO 协议概述

我们左一个协议，右一个协议，"协议"到底是用来做什么的呢？通俗一点说，所谓协议，就是约定俗成的信息交流方式。人和人之间用来交流的语言就是人类的"协议"，机器和机器之间交流的语言也就是机器的"协议"。人类的"协议"有很多种，机器的"协议"也有很多种。人和人之间要交流，双方就必须懂得一门共同的语言，机器和机器之间要交流，同样也必须遵循共同的协议。

第 1 章我们介绍了 OSI 参考模型，计算机之间的信息传送问题被分为若干个较小而且更容易管理的问题，每个小问题都由模型中的一个层来解决。

举一个例子：我们平时都收发过电子邮件，在邮件发送过程中，邮件数据最开始是从电子邮件软件通过应用层进行数据封装，然后一级级往下传输，每一层都会附加上一个报头、报尾信息（就相当于每一层在数据包前面附加的小格）。帧必须被转换成一种 1 和 0 的模式（高低电平信号），才能在介质上（通常为线缆）进行传输。这个过程被称为封装。

而在接收端，当设备顺序接收到一串比特时，它会把比特流传送给上一层以便组装为帧，然后再向上层传递，每一层都会剥离相应的报头和报尾信息，按照本层的规则还原数据，也就是说每一层都会分解出原来附加的报头、报尾信息，直到最后还原出发送端所要表达的邮件内容。这个过程被称为解封。

封装与解封过程见图 8-1。

作为 PROFINET IO 协议同样遵循这样的过程，发送端的数据经过封装和解封的过程最终还原到接收端，同样是在不同的层次按照各自的规则解决不同的问题，整个协议主要由表 8-2 所列出的协议组成。

封装过程

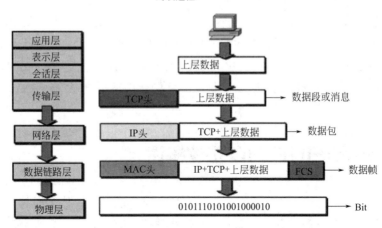

解封装过程

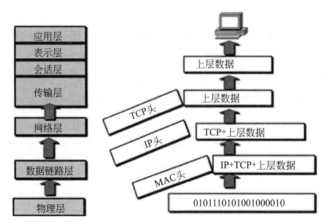

图 8-1 数据包的封装与解封

表 8-2 PROFINET IO 协议

帧类型	协议	协议标准	说　明
0x0800	IP	UDP、RPC、ICMP	UDP、RPC、ICMP 协议基于 IP 协议之上
0x0806	ARP	RFC 826	地址解析协议
0x8100	VLAN	IEEE 802.1Q	带 VLAN 标签的报文
0x814C	SNMP		简单网络管理协议
0x8892	PN	RTC、RTA、DCP、PTCP	周期数据、报警、DCP、精确时间
0x88E3	MRP	IEC 62439	介质冗余
0x88CC	LLDP	IEEE 802.1AB	相邻节点发现协议

免费的网络抓包工具 Wireshark 可以帮助大家理解协议，该抓包工具可以获取报文，通过分析可以充分理解其中的各种协议。

8.2 IP 网际协议

网络协议是怎样实现的？网络互联设备，如以太网、分组交换网等，它们相互之间不能互通，不能互通的主要原因是因为它们所传送数据的基本单元（技术上称之为"帧"）的格式不同。IP 协议实际上是一套由软件、程序组成的协议软件，它把各种不同"帧"统一转换成"网协数据包"格式，这种转换是因特网的一个最重要的特点，使所有各种计算机都能在因特网上实现互通，即具有"开放性"的特点。

如图 8-2 所示，TCP/IP 协议定义了一个在因特网上传输的包，称为 IP 数据报文（IP Datagram），由数据包首部和数据两部分组成，首部的前一部分是固定长度，共 20 字节，在首部的固定部分的后面是一些可选字段，其长度是可变的。基于 IP 数据报文有两种比较常见的协议——TCP 和 UDP，见表 8-3。

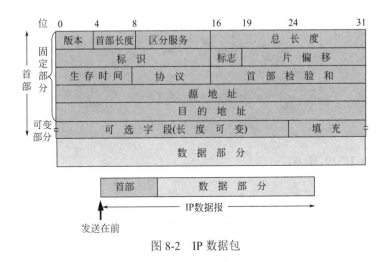

图 8-2　IP 数据包

表 8-3　IP 协议常用的两种协议

协议	全　　称	说　　明
TCP	Transmission Control Protocol	传送控制协议
UDP	User Datagram Protocol	用户数据报协

数据报文作为抽象的字节流，大家理解起来不是那么直观，不过可以将这种字节流想象成由车厢串起来的火车，那么数据包首部就相当于火车头，而数据部分就相当于一节一节的车厢。很显然，比较常见的是货运和客运两种火车。

8.2.1　TCP协议

TCP是一种面向连接的、可靠的、基于字节流的传输层通信协议（见图8-3）。面向连接是基于电话系统模型的，在发送任何数据之前，要求建立会话连接，而且将保证数据正确送达。简单的理解就是快递送货前一般会和收件人联系一下，在确保能够送达的情况下才会送货，否则容易白跑一趟。

TCP支持多种高级协议：

①Telnet协议（TELNET）；

②文件传输协议（FTP）；

③简单邮件传输协议（SMTP）；

④远程登录协议（远程登录）。

图8-3　TCP协议的特点

8.2.2　UDP协议

UDP是一种无连接的传输层协议，提供面向事务的简单不可靠信息传送服务（见图8-4）。无面向连接是基于邮政系统模型的，不要求发送方和接收方之间的会话连接，也就是说并不保证数据准确送达。就像煤气公司送抄表通知单不需要事先联系好，如果业主不在的话，直接贴在门上就走人了。

UDP主要用于那些需要在计算机之间传输数据的网络应用，支持多种高级协议：

①网络文件系统Sun微系统（NFS）；

②简单文件传输协议（TFTP）；

③ 引导协议（BOOTP）；

④ 简单网络管理协议（SNMP）；

⑤ 域名服务协议（DNS）。

图 8-4　UDP 协议的特点

8.3　ARP 地址解析协议

在现实生活中，如果停车后别人的车挡住了你的车子，而对方驾驶员不在现场也没留下什么联系方式，这下怎么办？别的城市我不知道，在南京的话可以打 110，然后告知警方对方车牌号码，要求挪车，一般过一会儿就会有接到电话的车主过来挪车。其实，警方是可以从交管部门获取车牌与车主的关联信息，也就是说能将车牌号码转变成联系方式。

而在网络通信中，地址解析协议（Address Resolution Protocol，简称 ARP）（见图 8-5）是将 IP 地址解析为以太网 MAC 地址（或称物理地址）的协议。在局域网中，当主机或其他网络设备有数据要发送给另一个主机或设备时，它必须知道对方的网络层地址（即 IP 地址），但仅仅有 IP 地址是不够的，因为 IP 数据报文必须封装成帧才能通过物理层（OSI 通信模型）发送，因此发送设备必须有接收设备的物理地址（MAC 地址）。于是，为了获得接收设备的物理地址，并且需要建立 IP 地址与物理地址的对应关系，ARP 就是实现这些功能。

设备通过 ARP 解析到目的 MAC 地址后，将会在自己的 ARP 表中增加 IP 地址到 MAC 地址的映射表项，用于后续同一目的地报文的转发。好比为新车上牌照，那么你的车牌号码、车架号还有车主的个人信息也会以互相关联的形式在交管部门有记录，以便一些消息能及时发送给车主。ARP 表项分为动态表项和静态表项。

温故知新一下，回想一下前面所提到交换机，它建立了端口号与所连接设备物理地址的对应关系，而这里的 ARP 则是建立 IP 地址与物理地址的对应关系。

ARP 的相关命令可用于本机 ARP 缓存中 IP 地址和 MAC 地址对应关系的查询、添加或删除等操作。比如说，在命令行中输入字符串"arp -a"。

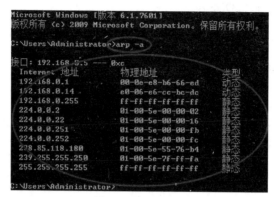

图 8-5 ARP 协议

8.3.1 ARP 的工作原理

ARP 通信分为请求和应答。主机在第一次给目标计算机发送信息时，会将包含目标 IP 地址的 ARP 请求广播到网络上所有的计算机，并接收返回的 ARP 应答消息，以此确定目标计算机的物理地址。图 8-6 显示了一个典型的 ARP 通信的例子中。

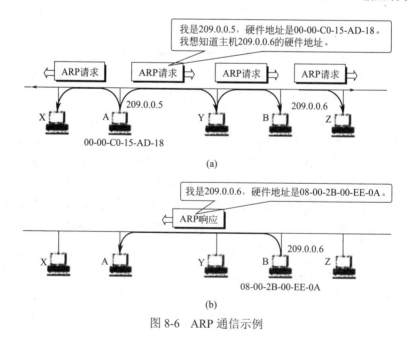

图 8-6 ARP 通信示例

主机收到返回消息后将该 IP 地址和物理地址存入本机 ARP 缓存中并保留一定时间，下次请求时直接查询 ARP 缓存获取 MAC 地址以节约时间。

主机会定期清理一次 ARP 缓存表，以保证缓存表中记录的计算机能够正常通信。

如图 8-6 所示，节点 A 的 IP 地址为 209.0.0.5，MAC 地址为 00-00-C0-15-AD-18，节点 B 的 IP 地址为 209.0.0.6，MAC 地址为 08-00-2B-00-EE-0A。当节点 A 要与节点 B 通信时，A 将尝试通过 B 的 IP 地址去和 B 通信。为了能够组合成符合 IEEE802.3 标准的以太网报文，需要地址解析协议将主机 B 的 IP 地址解析成其 MAC 地址，表 8-4 显示了 ARP 的工作过程。

表 8-4　ARP 协议的工作过程

步骤	说　明
1	A 需要访问 B，先在自己 ARP 缓存中检查 B（IP 地址 209.0.0.6）的 MAC 地址
2	如果 A 在自身 ARP 缓存中能找到 B 的 MAC，则直接组帧发送给 B
3	如果 A 在自身 ARP 缓存中不能找到 B，则将 ARP 广播到本地网络上的所有节点，询问 B 的硬件地址，A 的 IP 地址和 MAC 地址都包括在 ARP 请求中
4	网络上的每台节点都接收到 ARP 请求并且检查是否与自己的 IP 地址匹配
5	网络节点将会丢弃与自己的 IP 地址不匹配的 ARP 请求
6	节点 B 确定 ARP 请求中的 IP 地址与自己的 IP 地址匹配，于是做出 ARP 应答，同时将节点 A 的 IP 地址和 MAC 地址映射添加到本地 ARP 缓存中
7	当 A 收到 B 发来的 ARP 回复后，会用 B 的 IP 和 MAC 地址映射更新其 ARP 缓存表
8	一旦节点 B 的 MAC 地址确定，A 就能向 B 进行 IP 通信了
9	本机的 ARP 缓存列表是有生存期的，生存期结束后，将再次重复上面的过程

8.3.2　ARP 报文

ARP 报文分为 ARP 请求和 ARP 应答报文，报文格式如图 8-7 所示。

可以看出 ARP 报文是一种固定长度的数据帧，表 8-5 对图中的报文组成部分进行说明，其中不包含目的 MAC 地址和源 MAC 地址。

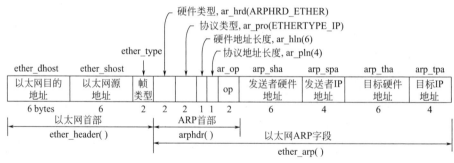

图 8-7　ARP 报文组成

表 8-5　ARP 报文的详细说明

组　成	说　明	值
硬件类型	硬件地址的类型	1 表示以太网地址
协议类型	数据报文的帧类型	0x0806
硬件地址长度	指出硬件地址的长度，单位为字节	6
协议地址长度	指出协议地址的长度，单位为字节	4
操作类型	ARP 请求还是应答	1 表示 ARP 请求，2 表示 ARP 应答
发送端 MAC 地址	发送方设备的硬件地址	MAC 地址
发送端 IP 地址	发送方设备的 IP 地址	IP 地址
目标 MAC 地址	接收方设备的硬件地址	MAC 地址
目标 IP 地址	接收方设备的 IP 地址	IP 地址

8.4　PROFINET 实时协议

PROFINET IO 系统中会传输不同协议的报文类型，有些类型的报文（TCP/UDP）通过非实时通道传输，主要是传输一些非实时数据，比如普通 IT 数据、配置数据、诊断数据等等，以太网帧类型是 0x0800。而 PROFINET IO 系统中的过程数据（PNIO）、报警（PNIO-AL）、精确时钟协议（PTCP）等数据为实时数据，将通过实时通道传输给上层应用，以太网帧类型是 0x8892，见图 8-8。

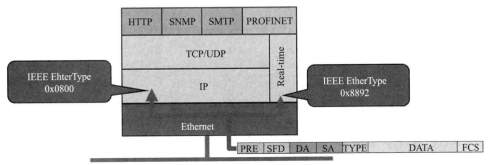

图 8-8 不同类型的报文通过不同通道

就好像旅客在机场等待入境，本国公民和外国人是通过不同的通道办理手续的，显然前者一般都能更快入境。我就记得当时在德国慕尼黑机场等待入境时的情形，看着自己这边不仅排着长队，而且得依次接受入境官员的盘问；而另一边是德国本国的，不需要排队也不用问询什么就能通过，不禁冒出一个无厘头的念想——看来自己就属于一般数据，而人家就属于实时数据呀。

实时报文一般由目的 MAC 地址、源 MAC 地址、以太网类型、实时报文类型、实时数据与校验组成，表 8-6 显示了报文组成及对应的字节数。在软实时通信中，报文中会插入 4 个字节的 VLAN 标签，这个将在 8.11 节详细描述。而等时实时通信（硬实时）的报文中则没有 VLAN 标签。

表 8-6　实时报文的组成

目的 MAC	源 MAC	以太网帧类型	Frame_ID	实时数据	FCS
6 字节	6 字节	2 字节	2 字节	N 字节	4 字节

8.4.1　FrameID

不同的 PROFINET IO 实时协议是通过报文中的 FrameID 部分来区分的，比如过程数据、报警数据、精确时钟协议、DCP 协议等，FrameID 由 2 字节组成，详细说明如表 8-7 所示。

表 8-7　FrameID 的说明

FrameID	详细说明
0x0000 ～ 0x00FF	时钟同步（PTCP）
0x0100 ～ 0x7FFF	RT_CLASS_3 高性能的等时实时报文
0x8000 ～ 0xBFFF	RT_CLASS_2 高度灵活的等时实时报文

FrameID	详细说明
0xC000 ～ 0xFBFF	RT_CLASS_1 实时报文或者 RT_CLASS_UDP 报文
0xFC00 ～ 0xFCFF	高优先级的非同步传输
0xFD00 ～ 0xFDFF	保留
0xFE00 ～ 0xFEFC	低优先级的非同步传输
0xFEFD ～ 0xFEFF	DCP 报文
0xFF00 ～ 0xFFFF	保留

8.4.2 周期性数据

过程数据使用周期性实时数据传输，一个 PROFINET IO 系统运行后网络中传输的大部分都是过程数据，而且每隔一定时间就会传输。Wireshark 软件会对 PROFINET 报文进行一些简单的分析，如表 8-8 所示，该报文的实时数据部分内容包含了周期性数据，而且可以知道该报文的实时性等级为 RT_CLASS_1，实时数据由 FrameID、过程数据、Cycle-Counter、数据状态和发送状态几个部分组成，还有每个组成部分的字节数。

表 8-8　周期性数据的组成

实时数据部分				
2 字节	36 ～ 1440 字节	状态信息		
		2 字节	1 字节	1 字节
Frame_ID	过程数据	Cycle counter	Data status	Transfer status

8.4.3 CycleCounter 详解

前面已经讲过实时通信，接触不少时间的概念，比如说设备的更新时间、系统的更新时间、看门狗时间、通信周期、运行周期等。对于自动化工程师比较关心的实时通信，也称为软实时（SRT），与后面章节将会说明的 IRT 硬实时对应，主要是通过各个设备自身的时钟进行计时，计时的时间就是在组态时所设定的更新时间。每个 PROFINET 设备在配置时都要设置更新时间，在 1、2、4 到 512ms 等数值中选择。当这个时间到，生产者（Provider）会向消费者

（Consumer）发送数据。使用软实时的 PROFINET IO 系统会有通信抖动，即每次的刷新时间会有细微的差别，这个抖动可能会受交换机或网线传输延迟的影响，可能会在看门狗时间（Watchdog time）内波动。所有设备的更新时间之和就是系统的更新时间，这是 PROFINET IO 系统的一个关键特性。

不同于 PROFIBUS 的主从式通信模型，PROFINET IO 系统通信模型为生产者/消费者，即一种通信缓冲区的模型。如图 8-9 所示，控制器通过对缓冲区 PII 与 PIQ 实现过程数据的读与写，T1 为控制器的运行周期，控制器在 T1 时间内会进行一次输入、处理、输出的操作。IO 设备会周期性的发送数据到 PII 中，也会周期性地收到 PIQ 的数据用于输出，这个周期就是系统的通信周期 T2，也是系统的更新时间。如何选择合适的系统通信周期主要是由控制器的运行周期决定。

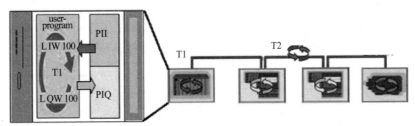

图 8-9　周期性传输数据

而每条报文中的 CycleCounter 部分与发送该报文的设备更新时间有些关系，CycleCounter 每增加 1 就相当于经过了 31.25μs，通信的生产者根据自身时钟在刷新时间内递增 CycleCounter，并将该值插入到发送的报文中。同一个设备发送的两条数据帧之间的 CycleCounter 值之间的差为 256，乘以 31.25μs 就等于该设备所设置的更新时间 8ms（在组态配置时已经定于好的）。而通信的消费者会检查 CycleCounter 以确定是否通信在规定的周期内。所以说 CycleCounter 从一个角度反映了 PROFINET IO 设备的实时性（见图 8-10）。

```
⊟ PROFINET cyclic Real-Time, RTC1, ID:0xc080, Len: 40, Cycle:60704 (Valid,Primary,Ok,Run)
    FrameID: 0xc080 (0xC000-0xFAFF: Real-Time(class=1): Cyclic)
    CycleCounter: 60704
  ⊞ DataStatus: 0x35 (Frame: Valid and Primary, Provider: Ok and Run)
    TransferStatus: 0x00 (OK)
```

图 8-10　CycleCounter

8.4.4　DataStatue 详解

过程数据报文的组成部分还包含数据状态（DataStatus），1 个字节（8 位），不同的值表示不同的状况，详细解释如表 8-9 所示。

表 8-9　DataStatus 说明

7	6	5	4	3	2	1	0	Data Status	说　明
0	0		0		0			Reserved	保留
		x						StationProblemIndicator	诊断（故障为解决）
				x				ProviderState	数据生产者状态
						x		DataValid	发送数据有效，无效数据只在初始化阶段
							x	State	冗余系统状态

8.4.5　报警报文

前面咱们提到过报警，当IO设备采集的过程数据超限或者系统诊断出错时，设备会发出报警信息。PROFINET IO 系统中的报警是采用通知与应答机制，比如说在取消周期性数据通信连接时，IO设备会发送报警给IO控制器，IO控制器收到之后会切断对应的实时数据通道，再给IO设备回复一条报警类型的报文。该类型的报警会在IO控制器与IO设备恢复周期性数据连接时再交互一次。

PROFINET 报警报文属于非周期的实时数据，在实时数据部分组成不同，所有类型的报警都包含基本信息（RTA_header），其中在报警提示和报警通知中包含了具体的描述数据，而报警应答和报警回复则没有，如表 8-10 和 8-11 所示。

表 8-10　报警提示和通知的组成

实时数据部分		
Frame_ID	RTA_header	具体报警数据
2 字节	12 字节	64 字节

表 8-11　报警应答和回复的组成

实时数据部分	
Frame_ID	RTA_header
2 字节	12 字节

8.5　DCP 发现与配置协议

DCP 是发现和基本配置协议，用于标识与查询有无指定IP地址的节点，然后配置其 IP 地址、默认网关、子关掩码。DCP 是标准的 PROFINET 功能,可以读写设备与网络地址相关的参数,只能在一个局域网中使用,通过实时通道传输,使用 DCP 协议和 LLDP 协议可以实现不需要额外组态工程操作就能替换设备。

一开始笔者将 DCP 作为议题放在论坛上讨论时,有不少人都觉得我打错字了。由于接触过网络知识的工程师听得比较多的是 DHCP 协议,所以他们认为笔者漏写了一个字母。其实 DHCP 协议是基于 UDP 协议的,其主要功能是地址配置,这个功能和 DCP 协议的部分功能差不多,而且 PROFINET 有时也会用到 DHCP。不过在 PROFINET IO 系统中,用于配置设备使用更多的还是 DCP 协议。

顾名思义,除了配置设备之外,DCP 协议(见图 8-11)还有一项重要的功能,那就是用于发现设备,在 PROFINET IO 系统交互实时数据之前做了不少初始化的工作。而发现设备的功能与前面提到的 ARP 协议有相似的地方,后面将进行一些简单的比较。

```
⊟ PROFINET acyclic Real-Time, ID:0xfefe, Len: 24
     FrameID: 0xfefe (Real-Time: DCP (Dynamic Configuration Protocol) identify multicast request)
⊟ PROFINET DCP, Ident Req, Xid:0x8011, NameOfStation
     Service-ID: Identify (5)
     Service-Type: Request (0)
     xid: 0x00008011
     ResponseDelay: 1
     DCPDataLength: 14
⊞ Block: Device/NameOfStation, "ilb-pn-dio"
```

图 8-11　DCP 协议示例

8.5.1　DHCP 协议

DHCP(Dynamic Host Configuration Protocol,动态主机配置协议)是一个局域网的网络协议,使用 UDP 协议工作,主要有两个用途:给内部网络或网络服务供应商自动分配 IP 地址,给用户或者内部网络管理员作为对所有计算机作中央管理的手段,在 RFC 2131 中有详细的描述。DHCP 通常被应用在大型的局域网络环境中,主要作用是集中的管理、分配 IP 地址,使网络环境中的主机动态的获得 IP 地址、网关地址、DNS 服务器地址等信息,并能够提升地址的使用率。比如说你的笔记本上网前的配置,DHCP 负责将你的笔记本自动接入一个局域网中。

DHCP 协议采用客户端 / 服务器模型,主机地址的动态分配任务由网络主机驱动。当 DHCP 服务器接收到来自网络主机申请地址的信息时,才会向网络主机发送相关的地址配置等信息,以实现网络主机地址信息的动态配置。

DHCP 有三种机制分配 IP 地址:自动分配方式、动态分配方式与手工分配方式。虽然 DHCP 服务的报文类型比较多,但每种报文的格式基本相同,只是某些字段取值可能不同，DHCP消息的格式是基于BOOTP（Bootstrap Protocol）消息格式的，如图8-12所示。这就要求设备具有BOOTP中继代理的功能，并能够与BOOTP客户端和DHCP服务器实现交互。DHCP报文类型取值为1～7。

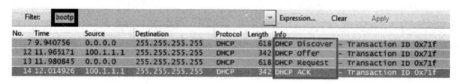

图8-12　DHCP协议

8.5.2　DHCP与DCP的比较

DHCP过程就是DHCP客户机动态获取IP地址的过程，也称为DHCP租约，这个过程分为以下4步：

①客户机请求IP（客户机发DHCP-DISCOVER广播包）；

②服务器响应（服务器发DHCP-OFFER广播包）；

③客户机选择IP（客户机发DHCP-REQUEST广播包）；

④服务器确定租约（服务器发DHCP-ACK/DHCP-NAK广播包）。

为了便于理解，可以把DHCP客户机想象成餐馆里的客人，DHCP服务器比作服务员（一个餐馆里也可以有多个服务员），IP地址比作客户需要的食物。那么可以这样描述整个过程。

客人走进餐馆问道："有什么吃的没有啊？"（DHCP discover）。

多个服务员同时回答："有，我这有鸡翅"，"有，我这有汉堡"（DHCP offer）……

客人说："好吧，我要一份汉堡"（DHCP request）。

端着汉堡的服务员回应了一声："来啦……"（DHCP ACK），并把食物端到客人面前，供其享用（将网卡和IP地址绑定）。客人下次来的时候，就直接找上次那个服务员点自己喜欢的汉堡了（DHCP request），如果还有汉堡，服务员会再次确认并上菜（DHCP ACK），而如果已经卖完了，服务员会礼貌地告诉客人："不好意思，已经卖完了"（DHCP NACK）。当然，服务员每隔一段时间会来收拾一次桌子，他干活非常麻利，会将剩菜端走，除非客人特别说明还没有吃完，先别收拾。

通常当计算机直接连入一个局域网时，大家会看到电脑桌面的右下角会有网络连接的图标在闪动，其实咱们的计算机正在执行上述过程，而当网络连接的图标不再闪动，那么计算机自动获得了 IP 地址等信息，已经联入局域网。

而在一个 PROFINET IO 系统中，简单的 DCP 的交互过程共分为以下 4 步：

① 控制器查找局域网内指定 IP 地址的设备（控制器发 DCP-Identify 请求多播包）；

② 设备响应（设备发 DCP-Identify 应答单播）；

③ 控制器设置 IP（控制器发 DCP-Set 请求单播包）；

④ 设备响应 IP 设置（设备发 DCP-Set 应答单播）。

为了便于理解，可以把 DCP 交互过程想象成客户在双 11 的时候通过网络网上订了自己喜欢的商品，IO 控制器想象成快递员，IO 设备想象成客户，IP 地址比作要快递的东西。那么可以这样描述整个送货过程。

快递员走进来问道："×××在吗？"（DCP Identify）。

如果×××在的话，会回答一声："我在这里"（DHCP Identify 应答）。

然后，快递员把东西给客人（DCP Set），客人签收快递单据（DCP Set 应答）。

DCP 协议与 DHCP 协议设置设备网络参数的功能十分相似，因此有必要用一个列表好好对比一下，见表 8-12。

表 8-12　DCP 与 DHCP 的比较

协议	DHCP	DCP
全称	Dynamic Host Configuration Protocol	Discovery and basic Configuration Protocol
配置功能	IP 地址、网关地址、DNS 服务器地址	IP 地址、默认网关、子关掩码
标识查找	无	有无指定 IP 地址的节点
通道	UDP 作为传输通道	实时通道
目的地址	IP 广播帧	多播帧、单播帧
作用范围	可以跨网段	同一局域网内
服务类型	Discover Offer Release Request ACK、NAK DECLARE INFORM	Identify Get Set Hello

8.5.3 DCP 与 ARP 的比较

学习新知识最好的办法就是那它与旧知识相类比，认识一件不熟悉的事物最好的办法是拿它和熟悉的事物对比，前面讲 DCP 协议的设置功能我们用了 DHCP 做类比，那么讲发现功能我们也可以用这样的办法，用 ARP 协议进行类比。虽然这两个协议名称上有明显的不同，但是在发现设备的过程还是比较相似的，都采用问答的方式，所以我们用表 8-13 来进行两者的类比。

表 8-13 DCP 与 ARP 的比较

协议	ARP	DCP
标识查找	有无指定 IP 地址的设备	有无指定设备名的设备
帧类型	0x0806	0x8892
目的地址	广播帧	多播帧
报文内容	目的设备的 IP 地址	目的设备的设备名
有对应设备	设备回复其 MAC 地址	设备回复 MAC、IP 等相关参数
无对应设备	报文丢弃	控制器一直定时发送请求帧

8.5.4 DCP 设置设备参数

PROFINET DCP 协议可以设置设备的名称、IP 地址、子网掩码等各种网络参数，设置参数的基本过程大体相似，图 8-13 与表 8-14 显示了 DCP 协议设备 IP 地址的示例。

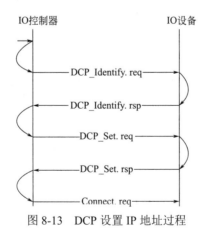

图 8-13 DCP 设置 IP 地址过程

表 8-14 DCP 设置设备名的步骤

步骤	具体说明
1	控制器在网内以设备名为参数广播 DCP_Identify.req 请求，确认设备是否存在
2	设备接收到请求，检查其中的设备名是否与设备自身名字匹配
3	如果匹配则发送 DCP_Identify.rsp 响应控制器的请求，否则不做处理
4	控制器收到设备回复后，将设备 MAC 地址作为以太网报文的目标地址
5	控制器将 IP 地址、子网掩码与网关作为参数发送报文 DCP_Set.req 给设备
6	设备设置 IP 地址等参数完毕后，发送 DCP_Set.rsp 给控制器
7	网络参数设置完毕后，控制器可以开始与设备建立通信联系

其实严格来说，在第 4 步与第 5 步之间还有一次交互过程，但该交互不是采用 DCP 协议，所以这里暂时不做详细说明。

其实 DCP 协议在设置设备名时稍微多一点"小伎俩"，先通过一种多播报文（识别请求报文）检查所用设备名是否已被使用，要是在规定时间内没有 IO 设备应答，说明该设备名未被使用，然后再发送 DCP 协议中的设置请求报文（功能是设备命名），被命名的设备会回复一帧 DCP 应答并且将名称存储在设备的非易失存储器中。

8.5.5　更换设备过程中的 DCP 通信

现场总线技术的最大特点就是其开放性和互操作性，符合同一通信协议和规范的智能产品都能方便地、无障碍地连接在一个很大的工业网络中，而且可以保证产品具备互换性和互操作性。

图 8-14 和图 8-15 展示了 PROFINET 网络中的菲尼克斯电气的 PROFINET 控制器，如何进行设备更换的过程。控制器从连接的 IO 设备中读出 LLDP 信息，并向 LLDP 信息中相应的网络设备周期性地发送 DCP_Get.req 报文进行询问，相应设备通过 DCP_Get.rsp 报文应答，并发送自己的 LLDP 信息给控制器。控制器存储这些信息。在这种方式中，LLDP 信息是在一个设备更换的情况下适用。

配置的 IO 设备的 LLDP 信息保存在控制器的一个文件中，这些信息也称为设备别名，控制器会为每个 IO 设备取第二个名字。控制器既可以通过设备名也可以通过设备别名来识别各个设备。在所提出的文件中的别名前面的数字使控制器分配到各个配置的 IO 设备。注意，如果该设备仍然有设备名称，必须先删除设备名！

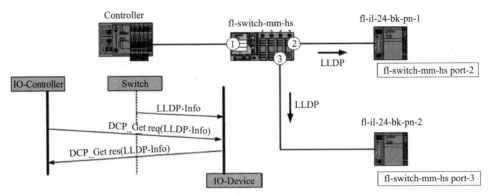

图 8-14 更换设备前的交换机端口信息

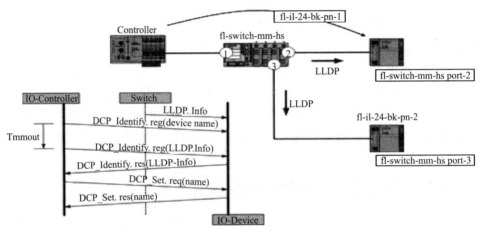

图 8-15 更换设备后的交换机信息

控制器通过 DCP 标识功能中的请求报文（DCP_Identify.req）搜索网络内配置的 IO 设备，设备名和 LLDP 信息交替使用，其中 LLDP 协议将在下一节详细说明。

8.5.6 DCP 报文

PROFINET IO 系统中的发现与配置协议（DCP）负责为每个 IO 设备分配地址和名称，在 IEC61158 标准中规定了 DCP 协议。DCP 报文是以太网帧类型为 0x8892 的 PROFINET 数据包。数据包中的数据域（DCPDU）由不同的数据块构成（见图 8-16）。每一个内容块（blocking）都是 16 位对齐（即偶数个字节），如果内容块奇数字节的有效数据组成，则用一个补充（padding）字节填充。

```
PROFINET DCP, Ident Ok , Xid:0xbd00be, NameOfStation:"testio10"
  ServiceID: Identify (5)
  ServiceType: Response Success (1)
  Xid: 0x00bd00be
  Reserved: 0
  DCPDataLength: 82
⊞ Block: Device/NameOfStation, BlockInfo: Reserved, "testio10"
⊞ Block: IP/IP, BlockInfo: IP set, IP: 192.168.16.21, Subnet: 2
⊞ Block: Device/Device ID, BlockInfo: Reserved, VendorID: 0x053
⊞ Block: Device/Device Options, BlockInfo: Reserved, 7 options
⊞ Block: Device/Device Role, BlockInfo: Reserved, IO-Device
⊞ Block: Device/Manufacturer specific, BlockInfo: Reserved, Typ
  Padding: 1 byte
```

图 8-16　DCP 的组成

8.6　LLDP 链路层发现协议

目前，网络设备的种类日益繁多且各自的配置错综复杂，为了使不同厂商的设备能够在网络中相互发现并交互各自的网络及配置信息，需要有一个标准的信息交互协议。LLDP（链路层发现协议）就是在这样的背景下产生的，它提供了一种标准的链路层发现方式，可以将自身设备的主要能力、管理地址、设备标识、接口标识等信息组织成不同的 TLV（类型/长度/值），并封装在 LLDPDU（链路层发现协议数据单元）中发布给与自己直连的邻居，邻居收到这些信息后将其以标准 MIB（管理信息库）的形式保存起来，以供网络管理网络查询及判断链路的通信状况。LLDP 协议的作用包括：发现相邻节点与简单地替换故障设备。

8.6.1　发现相邻节点

LLDP 报文是以太网报文类型为 0x88CC 的数据包，其中包含的数据域（LLDPDU）由不同的 TLV 构成，并且允许其他组织和供应商加入特定的 TLV 块扩展，PROFINET 定义的 TLV 包括硬件相关信息，比如说电缆长度和带宽。

每个设备需要一个代理（agent），可以从系统存储获得 LLDP 报文信息。该系统的数据采集被称为 MIB（管理信息库）。该数据的结构在策略中定义的。网络管理器将顺序读取每个设备的 MIB，然后将通过网络从一个节点传到另一个节点。

LLDP 通过交换机端口交换对应的邻居设备信息，罗列与识别设备信息。

LLDP 报文结构中至少要包含以下的内容：发送端口的端口 ID、发送设备的 MAC 地址或设备名称、周期时间（包括超时系数）发送 LLDP 报文的目的端口等。PROFINET 网络（见图 8-17）中，IO 控制器可以通过一种特有的方法（发现与控制协议）找到并设置 IO 设备。

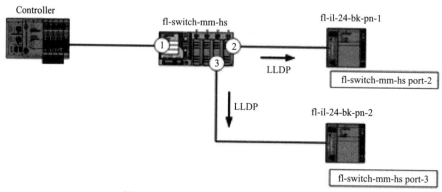

图 8-17　一个 PROFINET IO 系统组成

相邻网络设备之间交换 LLDP 报文，其中包含设备名称以及相应端口号，设备将解析收到的 LLDP 报文，收集其中相关信息，并保存在一个表中。表 8-15 中"Port+ 序号"表示 IO 设备上的端口，xxx.xxx 是保存在设备每个端口中的设备别名。配置的 IO 设备的 LLDP 信息保存在控制器的一个文件中，这些信息也称为设备别名，控制器会为每个 IO 设备取第二个名字。

表 8-15　各个设备的相邻节点信息

设备名	Port001	Port002	Port003
Controller	Port001.fl-switch-mm-hs	无	无
fl-switch-mm-hs	Port001.Controller	Port001.fl-il-24-bk-pn-1	Port001.fl-il-24-bk-pn-2
fl-il-24-bk-pn-1	Port002.fl-switch-mm-hs	无	无
fl-il-24-bk-pn-2	Port003.fl-switch-mm-hs	无	无

8.6.2　更换设备的基本规则

当网络拓扑正确装入 IO 控制器，只要 PROFINET IO 系统中所使用的设备和交换机都支持 LLDP，遵循 IEEE 802.1 AB 标准，则可以无需任何特殊工具而启动。因此，LLDP 协议是作为"无需组态工具更换设备"概念的一部分。

如果 fl-il-24-bk-pn-2 出现故障，用于替换的新设备要么使用正确的设备名，要么设备名为空，并且连接在交换机的 3 号端口上。当设备名为空的新设备联入网络后，它会收到来自邻居的 LLDP 报文，这样新设备一开始通过交互 LLDP 协议，将设备别名 "Port003.fl-switch-mm-hs" 保存了新设备的端口 1 上，如表 8-16 所示。

表 8-16　更换设备后一开始的相邻节点信息

设备名	Port001	Port002	Port003
Controller	Port001.fl-switch-mm-hs	无	无
fl-switch-mm-hs	Port001.Controller	Port001.fl-il-24-bk-pn-1	空
fl-il-24-bk-pn-1	Port002.fl-switch-mm-hs	无	无
空	Port003.fl-switch-mm-hs	无	无

IO 控制器一开始会不断尝试连接设备 fl-il-24-bk-pn-2，但新的 IO 设备由于没有设备名，并不会应答，因此 IO 控制器搜索不成功。接着 IO 控制器再一次尝试，搜索网络中连接在交换机相同位置（端口 3）的设备，使用包含设备别名 "Port003. fl-switch-mm-hs" 的消息报文。新设备的别名是 "Port003.fl-switch-mm-hs"，因此会对控制器有应答，IO 控制器在收到新设备的应答后会为新设备设置设备名 "fl-il-24-bk-pn-2"，接下来与新设备建立连接并开始过程数据交互。新设备随后通过 LLDP 报文发送自己的别名 "Port001.fl-il-24-bk-pn-2" 给交换机的端口 3，将表 8-16 变成表 8-15 的样子。

以上过程就完成了 "无需组态工具更换设备"。

8.6.3　LLDP 报文

LLDP（链路层发现协议）提供了一种标准的链路层发现方式，可以将自身设备的主要能力、管理地址、设备标识、接口标识等信息组织成不同的 TLV（类型 / 长度 / 值），并封装在链路层发现协议数据单元中发布给与自己直连的邻居。LLDP 报文是以太网报文类型为 0x88CC 的数据包（见表 8-17）。

表 8-17　LLDP 的组成

目标	源	VLAN 标签	帧类型	LLDU 数据部分	校验
Dest.	Src.	VLAN*	EtherType	LLDUPDU	FCS
6 字节	6 字节	4 字节	0x88CC	46-1500 字节	4 字节

数据包中的数据域（LLDPDU）由不同的 TLV 构成，共可携带 28 种 TLV，其中设备标识码（Chassis ID）、端口号（Port ID）、生存时间（TTL）和结束符（End）四个 TLV 是必须携带的，其余的 TLV 则为可选部分。TLV 的类型 0 ～ 8 是基本的 TLV，还有其它行业组织定义 TLV，报文格式如表 8-18 所示。

表 8-18 LLDP 的数据部分组成

LLDP 数据部分						
Chassis ID	Port ID	TTL	Optional	···	Optional	End
设备识别	端口	生存时间	可选	TLV	行业定义	结束

每个 TLV 部分都有一个类型值来表明该部分是什么作用的，可选的 LLDU 的数据部分可以由以下类型组成，见表 8-19。

表 8-19 可选 TLV 类型

类型值	TLV 名称	定义	要求
4	port description	端口描述	可选
5	system name	系统名称	可选
6	system description	系统描述	可选
7	system capabilities	系统性能	可选
8	management address	管理地址	可选
9 ～ 126	reserved	保留	无
127	organization specific TLVs	行业自定义	可选

8.7 SNMP 简单网络管理协议

SNMP（Simple Network Management Protocol）即简单网络管理协议，它为网络管理系统提供了底层网络管理的框架。

一个典型的网络管理系统包括四个要素：管理员、管理代理、管理信息数据库、代理服务设备。一般说来，前三个要素是必需的，第四个是可选项。

① 管理员（Manager）；

② 管理代理（Agent）；

③ 管理信息数据库（MIB）；

④ 代理设备（Proxy）。

对于网络管理系统来说，重要的是管理员和代理之间所使用的协议，如SNMP 和它们共同遵循的 MIB 库。

8.7.1 识别拓扑

还有就是通过数据能够得出网络的拓扑结构，这需要与 SNMP 协议与 LLDP 协议配合。PROFINET IO 系统支持几乎所有的网络拓扑结构，为了满足更高要求：

① 诊断和维护需要知道网络的真实拓扑结构，连接的节点以及线缆长度。

② 达到一致性类别 C 类的系统，为了实现精确的时间同步，需要规划通信路径，也就需要知道网络拓扑结构和电缆长度。

③ 自动分配设备名也需要提前知道识别网络拓扑结构，可以实现无编程更换设备。

实现无编程更换设备基于 LLDP（链路层发现协议）和 SNMP（简单网络管理协议）。一致性类别 B 类和 C 类的设备必须支持这两个协议，A 类设备不做强制要求。

8.7.2 SNMP 的特点

SNMP 协议的应用范围非常广泛，诸多种类的网络设备、软件和系统中都有所采用，主要是因为 SNMP 协议有如下几个特点。

首先，相对于其他种类的网络管理体系或管理协议而言，SNMP 易于实现。SNMP 的管理协议、MIB 及其他相关的体系框架能够在各种不同类型的设备上运行，包括低档的个人电脑到高档的大型主机、服务器、及路由器、交换机等网络设备。一个 SNMP 管理代理组件在运行时不需要很大的内存空间，因此也就不需要太强的计算能力。SNMP 协议一般可以在目标系统中快速开发出来，所以它很容易在面市的新产品或升级的老产品中出现。尽管 SNMP 协议缺少其他网络管理协议的某些优点，但它设计简单、扩展灵活、易于使用，这些特点大大弥补了 SNMP 协议应用中的其他不足。

其次，SNMP 协议是开放的免费产品。只有经过 IETF 的标准议程批准（IETF 是 IAB 下设的一个组织），才可以改动 SNMP 协议；厂商们也可以私下改动 SNMP 协议，但这样做的结果很可能得不偿失，因为他们必须说服其他厂商和用户支持他们对 SNMP 协议的非标准改进，而这样做却有悖于他们的初衷。

第三，SNMP 协议有很多详细的文档资料（例如 RFC，以及其他的一些文章、说明书等），网络业界对这个协议也有着较深入的理解，这些都是 SNMP 协议进一步发展和改进的基础。

最后，SNMP 协议可用于控制各种设备。比如说电话系统、环境控制设备，以及其他可接入网络且需要控制的设备等，这些非传统装备都可以使用 SNMP 协议。

正是由于有了上述这些特点，SNMP 协议已经被认为是网络设备厂商、应用软件开发者及终端用户的首选管理协议。

8.7.3 SNMP 的格式

SNMP 是一种无连接协议，通过使用请求报文和返回响应的方式，SNMP 在管理代理和管理员之间传送信息。这种机制减轻了管理代理的负担，它不必要非得支持其他协议及基于连接模式的处理过程。因此，SNMP 协议提供了一种独有的机制来处理可靠性和故障检测方面的问题。

SNMP 协议定义了数据包的格式（见图 8-18），及网络管理员和管理代理之间的信息交换，它还控制着管理代理的 MIB 数据对象。因此，可用于处理管理代理定义的各种任务。SNMP 协议之所以易于使用，这是因为它对外提供了 Set、Get 和 Trap 三种用于控制 MIB 对象的基本操作命令。

```
    4 5.358476   192.168.2.110    192.168.2.1      SNMP   get-next-request 1.3.6.1.2.1.1.3
    5 5.360434   192.168.2.1      192.168.2.110    SNMP   get-response 1.3.6.1.2.1.1.3.0
   45 82.125998  192.168.2.1      192.168.2.110    SNMP   trap iso.3.6.1.6.3.1.1.5 1.3.6.1.2.1.2.
   48 86.520583  192.168.2.1      192.168.2.110    SNMP   trap iso.3.6.1.6.3.1.1.5 1.3.6.1.2.1.2.
   49 86.620662  192.168.2.1      192.168.2.110    SNMP   trap iso.3.6.1.4.1.27514.1.2.4.3.1.1.18

⊞ Frame 5: 85 bytes on wire (680 bits), 85 bytes captured (680 bits)
⊞ Ethernet II, Src: Greennet_00:04:1e (00:0a:5a:00:04:1e), Dst: ec:88:8f:eb:25:5d (ec:88:8f:eb:25:5d)
⊞ Internet Protocol, Src: 192.168.2.1 (192.168.2.1), Dst: 192.168.2.110 (192.168.2.110)
⊞ User Datagram Protocol, Src Port: snmp (161), Dst Port: macromedia-fcs (1935)
⊟ Simple Network Management Protocol
    version: version-1 (0)
    community: public
  ⊟ data: get-response (2)
    ⊟ get-response
        request-id: 55
        error-status: noError (0)
        error-index: 0
      ⊞ variable-bindings: 1 item
```

图 8-18　SNMP 报文格式

8.7.4 管理信息数据库简介

管理信息数据库（MIB）是一个信息存储库，它包含了管理代理中的有关配置和性能的数据，有一个组织体系和公共结构，其中包含分属不同组的许多个数据对象。MIB 数据对象以一种树状分层结构进行组织，这个树状结构中的每个分枝都有一个专用的名字和一个数字形式的标识符。结构树的分枝实际表示的是数据对象的逻辑分组。而树叶或叫节点（node），代表了各个数据对象。在结构树中使用子树表示增加的中间分枝和增加的树叶。

8.8 MRP 介质冗余协议

工业自动化环网冗余技术是使用一个连续的环将每台设备连接在一起，能够保证一台设备上发送的信号可以被环网上其他所有的设备都看到。环网冗余是指交换机是否支持网络出现线缆连接中断的情况出现时，交换机接收到此信息，激活其后备端口，使网络通信恢复正常运行。环网冗余技术（见图 8-19）是解决工业自动化网络冗余性（即网络可恢复性）的关键技术，是指当系统中任意设备或网段发生故障而不能正常工作时，系统能依靠事先设计的自动恢复程序将断开的网络链路重新链接起来，并将故障进行隔离。系统同时自动定位故障，使得及时修复故障。通俗地讲，以太网环网冗余技术能够在通信链路发生故障的时候，启用另外一条健全的通信链路，使网络通信的可靠性大大提高。

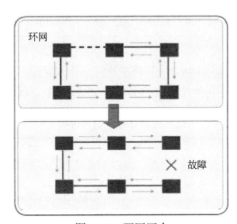

图 8-19　环网冗余

PROFINET IO 使用介质冗余协议于实现冗余，通常采用 MRP 协议。MRP基本机制包括：基于环形拓扑、阻塞和转发报文、维护 MAC 地址表。为了保证整个网络的可靠性，需选用支持相关冗余功能的管理型交换机。当某个传输路径出现故障时，数据传输会自动切换到备用路径，切换时间为 100 ～ 500ms。PROFINET 冗余网络使用环形结构来实现，其主站称为介质冗余主站（Media Redundancy Master），其他的交换机称为介质冗余从站（Media Redundancy

Clients）。另外，MRP 只允许一个环路。

介质冗余协议（MRP）用于管理 PROFINET 环形拓扑。MRP 报文（见表 8-20）总是发送到特定的 MAC 地址（组播地址），有 01-15-4E-00-00-01 与 01-15-4E-00-00-02 两个，前者用于测试，后者用于控制。MRP 的帧类型是 0x88E3。

表 8-20　MRP 报文的基本组成

Dest.	Src.	EtherType	MRP_DATA	Padd	FCS
6 字节	6 字节	0x88E3	46-1500 字节		4 字节

MRP_DATA 部分由若干块（block）组成（见表 8-21），包含一个版本号，然后跟着一种类型的块，可能是 MRP_Test、MRP_Topology_Change、MRP_LinkDown 或 MRP_LinkUp 中的一种，后面再跟着 MRP_Common，MRP_Option s 是可选的，最后接一个 MRP_End。

表 8-21　MRP 数据域的组成

MRP_DATA				
MRP_Version	Block	MRP_Common	(MRP_Option)	MRP_End

每个块 Block 以 TLVHeader（标题信息），指定的第一个字节，以字节块的长度开始，而第二个字节包含该块的类型，如表 8-22 所示。

表 8-22　MRP 信息说明

类型字段	说　明
0x00	MRP_End
0x01	MRP_Common
0x02	MRP_Test
0x03	MRP_TopologyChange
0x04	MRP_LinkDown
0x05	MRP_LinkUp
0x7F	MRP_Option（行业组织规定）

8.9　包含 VLAN 标签的报文

前面讲交换机的时候，我们接触到了 VLAN 的概念，现在详细介绍一下带 VLAN 标签的以太网报文。如图 8-20 所示，802.1Q 封装共 4 个字节，包含 2 个部分：帧类型（TPID）和标签控制消息（Tag Control Info）。

① TPID 长度为 2 个字节，固定为 0x8100，说明报文类型遵循 IEEE802.1Q 标准；

② Tag Control Info 也是 2 个字节，包含三个部分：802.1P 优先级、CFI、VLAN-ID。

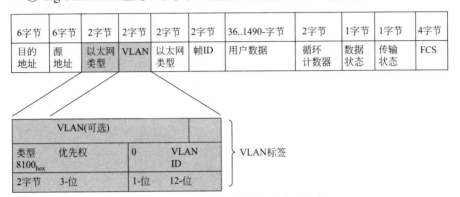

图 8-20　带 VLAN 标签的以太网报文

其中 802.1P 优先级有 3 位，指明帧的优先级。一共有 8 种优先级，取值范围为 0 ~ 7，主要用于当交换机出端口发生拥塞时，通过识别该优先级，交换机选择发送的次序，优先级高的先发送。

在以太网交换机中，CFI（Canonical Format Indicator）总被设置为 0。由于兼容特性，CFI 常用于以太网类网络和令牌环类网络之间，如果在以太网端口接收的帧具有 CFI，那么设置为 1，表示该帧不进行转发，这是因为以太网端口是一个无标签端口。

VLAN-ID 是对 VLAN 的识别字段，在 IEEE802.1Q 标准中常被使用。该字段为 12 位，支持 4096 个 VLAN 的识别。在 4096 可能的 VID 中，0 用于识别帧优先级，4095 保留，所以 VLAN 配置的最大可能值为 4094。

8.10　精确时钟协议（PTCP）简介

在以太网系统中，由于 CSMA/CD 的过程产生不可预测的碰撞可能会导致时间的包被延迟或完全消失。在先进的工业自动化网络中，如智能电网的远程同步控制、高速铁路线列车控制、城市地铁综合监控等系统，所有自动化控制装置需要在同一时刻记录控制系统中发生的事件、故障，并同步进行精确的闭环控制。于是，IEEE 组织定义了一个特殊的"时钟同步"过程，也就是 IEEE 1588 标准，精准时钟同步协议。

精准时钟同步协议是一个主要运行于以太网的网络时钟同步协议，主要目标是在局域网范围内实现高于微秒级的同步精度，可以满足先进的工业自动化网络实时通信要求。其作用比较像有的手机开机或者重启后，会自动根据 GPS 时间去矫正内部时间一样（见图 8-21）。

图 8-21　时间同步

精确时钟同步协议的典型应用就是在网络中设置一台作为主时钟（或称"源时钟"）的时钟服务器，现场各个自动化设备作为从时钟，主时钟与从时钟之间通过交换时间报文与估算时钟偏差来调整本地时钟，使得从时钟与主时钟之间的精确同步。

精确时钟协议通过硬件产生，使用组播传递协议报文，通过实时通道传输数据，因此帧类型是 0x8892，如图 8-22 所示。该协议定义了 Sync、DelayResp、Followup 和 DelayReq 四种类型的消息帧。

No.	Time	Source	Destination	Protocol	Leng
1	0.000000000	RenesasE_02:LLDP_Multicast		PN-PTCP	

```
⊞ Frame 1: 60 bytes on wire (480 bits), 60 bytes captured (
⊞ Ethernet II, Src: Dst: LLDP_Multicast (01:80:c2:00:00:0e)
⊞ PROFINET acyclic Real-Time, Delay, ID:0xff40, Len:  44
⊞ Data (44 bytes)
⊞ PROFINET PTCP, DelayReq: Sequence=5375, Delay=0ns
```

图 8-22　精确时钟协议

8.11 ICMP 因特网控制消息协议

ICMP 是指互联网控制报文协议（Internet Control Message Protocol），是 TCP/IP 协议族的一个子协议，用于在 IP 主机、路由器之间传递控制消息。控制消息是指网络通不通、主机是否可达、路由是否可用等网络本身的消息，前面提到的 ping 命令就是使用该协议。这些控制消息虽然并不传输用户数据，但是对于用户数据的传递起着重要的作用。其功能主要有以下几点：

① 侦测远端主机是否存在；

② 建立及维护路由资料；

③ ICMP 重定向；

④ 数据流量控制。

ICMP 在沟通之中，主要是通过不同等级（Type）与代码（Code）让机器来识别不同的连线状况。其报文结构、各个组成部分及说明见图 8-23、表 8-23。

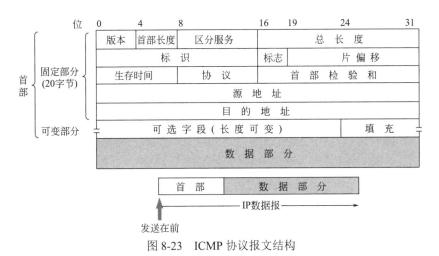

图 8-23　ICMP 协议报文结构

表 8-23　ICMP 各个组成部分及其说明

ICMP 报文内容	范围	值	说明
Ver	4 Bit	4	IP 协议版本
IHL	4 Bit	5	首部长度
Type of Service	1 Byte		区分服务
Total Length	2 Byte	18	ICMP 消息具有 18 字节的固定长度

续表

ICMP 报文内容	范围	值	说明
Identification	2 Byte	111	标识
Flg	3 Bit	0	标志
Fragment Offset	13 Bits	0	偏移
Time	1 Byte	123	生存时间
Protocol	1 Byte	1	协议 / 1 = ICMP
Header Checksum	2 Byte		校验和
Source IP-address	4 Byte		源 IP 地址
Destination IP-address	4 Byte		目标 IP 地址
ICMP-Type	1 Byte	0 / 8 / 30	回显应答 / 回显请求 / 路由跟踪
ICMP-Code	1 Byte		代码
ICMP-Checksum	2 Byte		ICMP 校验和

8.12　小结

　　"有之以为利，无之以为用"出自老子的《道德经》，其中的智慧放在当今工业企业的商业模式和产品设计依然十分有用。"有"指的是可见的、固定的、有别于其他的实体；"无"则是隐藏的、变化的、发挥效用的无限可能性。"利"代表的是可占用、可收获和使用的基础条件，而"用"则是可供发挥和可有所作为的空间和方向。

　　因此，"有之以为利，无之以为用"这句话可以理解为：一切数据为我们提供可以凭借的、可见的基础条件，而其中隐藏的无限可能才是被我们真正使用并创造价值的所在。正如网络通信数据提供了分析的基础，而我们应当将重心放在如何准确地分析数据上。

　　而获取了大量的通信数据后，最重要的是通过数据明白其中的协议。通信协议保证整个通信过程协调运行，提高通信效率，打破自动化系统原有的信息孤岛的局面，为工业数据的集中管理与远程传送、为控制系统和其他信息系统的连接与沟通创造了条件。良好的通信协议使得控制系统具有开放性与互操作性。

⑨ PROFINET IRT 通信

虽然当前中国经济进入了"新常态"，制造业显得不像前几年那么红火，但机器人是目前制造业最热的话题和最畅销的产品，真可谓寒冬中傲立的一朵腊梅，尤其是参观了 2015 年上海工业博览会后，和同行们见面说说关于工业机器人（机器手）（见图 9-1）的话题，就像当年股市火热的时候和人打交道时说说股票，显得非常应景。

图 9-1　工业机器人

工业机器人就是运动控制在机械上的体现，目前国内有一种工业机器人控制系统的软件方案是这样实现的：软件系统架构由运动控制内核、软 PLC 内核、电机驱动层与现场总线组成，其中运动控制内核使用国外公司的产品，软 PLC 遵循 IEC6131-3 标准实现，实现方案如表 9-1 所示。

表 9-1　一种工业机器人控制系统的软件方案

软件组成	功能说明
现场总线	反馈位置、速度、加速度等参数信息到软 PLC，传递相关数据到驱动器
软 PLC	执行 PLCopen 组织定义的标准函数，将参数信息传递到专门的共享内存中
运动控制内核	包含运动算法，读取一块专门的共享内存数据（位置、速度、加速度等参数），运用控制算法（比如做插补）进行计算
电机驱动	控制电机转动，同时采集位置、速度、加速度等参数

在实现方案中，现场总线负责传递电机运动的数据，功能类似于人的神经系统传递感官信息。最近看到一则报道：人体真正健康的重要标志之一是神经系统的功能好，体现在平时吃得香，睡得甜，不头痛，不失眠，工作效率高，这也是很多人梦寐以求的精神状态。如果按照这种说法，运动控制要想功能强大，离不开高性能的通信，高性能的通信首选具备强实时性的工业以太网通信，而等时实时通信（PROFINET IRT）就是这种通信方式。

那么 IRT 是什么意思？有什么特殊之处呢？为什么说 IRT 是高性能的通信方式呢？为了解决以上问题，本章将会从以下角度展开：

① PROFINET IRT 简介；

② 时间同步、带宽预留、通信路径规划；

③ PROFINET IRT 高度灵活的通信；

④ PROFINET IRT 高性能的通信。

9.1 PROFINET 等时实时介绍

在 PROFINET 实时通信中，每个通信周期被分成两个不同的部分，一个是循环的、确定的部分，称之为实时通道，另外一个是标准通道。但实时通信对于运动控制还远远不够，因为运动控制应用要求刷新时间不超过 1ms，而且抖动不超过 1μs。为了满足苛刻的要求，PROFINET 定义了等时实时（IRT）通信。

要了解等时实时 IRT，先要进一步了解实时（RT），对于实时性，主要体现刷新时间的长短，也就是总线配置工具设定的时间长短，时间越短表示实时性越好。图 9-2 是笔者在德国参加 PROFINET 培训时，讲师绘制的一幅动态图，

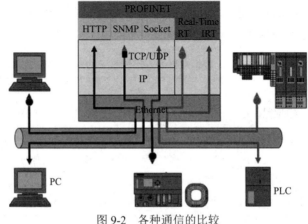

图 9-2　各种通信的比较

其中的框中的小圆点是会沿着双箭头线往复运动，这幅动态图给人最直观的印象就是代表IRT的小圆点是动得最快的，反映了在PROFINET通信中，IRT通信的刷新时间是最短的，交换数据是最快的。

RT 也被称为 SRT（软实时），这个称呼主要是为了区别硬实时。软实时主要是根据设备各自的时钟进行计时，计时的时间所设定刷新时间，当这个时间到，生产者会向消费者发送数据。

9.2　等时实时通信的优势

但是软实时数据的通信周期会有很大抖动，这个抖动可能会受交换机或网线传输延迟的影响，可能会在看门狗时间内波动，当超过看门狗时间，就会出现丢失设备的故障。而 IRT 是硬实时，它的抖动被控制在 1μs 以内，为什么会有如此低的抖动呢？主要是特殊芯片 ERTEC 的功劳，也就是说要实现 IRT 就必须使用带有 ERTEC 芯片的设备，通过该硬件可以对带宽实现预留，预留的带宽专门用来进行 IRT 通信，也就是 IRT 的数据只能在预留的带宽内进行数据通信，这时其他数据不会在这个预留的带宽内通信，从而保证 IRT 的数据的抖动时间非常短。

9.2.1　时钟同步

大家在看军事题材的影视作品时，经常会看到这样的镜头，一个小分队中的各个成员在实施任务前和队长校对时间，这是为什么呢？很显然对于一项任务来说，往往需要所有成员协调配合得天衣无缝才能完成，如果每名队员都按照自己的时间来行动，那么很难做到严丝合缝，或许就会出现些许误差，哪怕相差几秒钟，也会造成失误，导致 Game Over（任务失败）。

团队合作对于成员都需要如此严格的要求，那么对于更需要精确运行的工业机器人来说，各个组成部分的合作如果不能实现同步，也会出现"差之毫厘，谬以千里"的结果，尚且不说完成不了任务，发生机器损坏、人员伤害的生产事故也是大有可能的。

比如说如图 9-3 所示的一个标准的驱动系统（工业机器人重要的控制与执行部分），由一个 IO 控制器、两个 IO 设备和一台驱动器组成。在这个系统中包含了多个处理周期，有控制器的程序执行周期、每个设备各自的处理周期、PROFINET IO 系统的总线周期，还有驱动器的执行周期。那么对于软实时系统来说，这些周期并不同步。

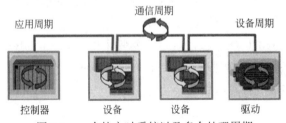

图 9-3　一个软实时系统以及多个处理周期

从检测输入信号到输入用户程序中进行处理，再到给出相应的响应并输出，在这个过程中，响应时间在非同步系统中可能会产生巨大抖动。每种周期不能同步，结果响应时间不能确定。就好像过去有个说法是"一个中国人是条龙，三个中国人是只虫"，为什么呢？因为你干你的，我干我的，大家没有配合，工作效率大打折扣。

而在等时实时通信（IRT）中，系统会提供一个可靠的基本时钟，系统在总线系统上进行了严格地规定，也就是说在每个总线周期内，系统中的设备都要和基准时钟对一次时间，以保证所有设备都在同步运行，这个基准时间的所有者就是主时钟设备。对于时钟同步方式，采用了基于 IEEE1588 的时间同步机制，保证以最小的网络负荷，实现时钟同步（见图 9-4）。在同步过程中，需要检测网线的延时时间和交换机内的延时时间，用来计算同步动作。

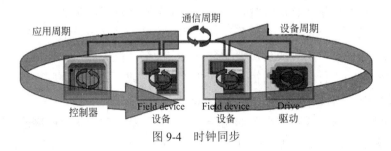

图 9-4　时钟同步

9.2.2　带宽预留

交换以太网的问题是由于交换机连接导致传输时间变化太大。在底层操作中，在一个含有 20 个站点的线性结构网络中，一个报文从第一台设备传输到最后一台设备，延时至少 2.5ms，而考虑到还有更多的实时报文需要传输，则整个时延可能会更长，波动范围可达 10ms。为了解决这个时延问题，等时同步在总线周期内采用带宽预留的方法来解决。即在一个总线周期内将可用的带宽分段（见图 9-5），其中：

① 在红色间隔内只进行等时实时通信；

② 在绿色间隔内传输实时数据和非实时数据，而且根据优先级来决定转发的次序。

③ 绿色到红色之间的过渡采用橙色间隔，在这个间隔区结束前，绿色间隔正在传输的报文必须完成发送。

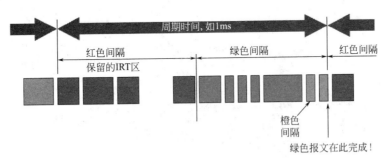

图 9-5　周期时间

通信带宽预留就好像在城市道路中预留公交专用道，表示除公交车外，其他车辆及行人不得进入该车道，是城市交通网络建设配套基础设施，主要功能为方便公交网络应对各种高峰时段、突发状况带来的道路交通问题。如图 9-6 所示，那么在为 IRT 预留的间隔中，将只能传输等时实时数据，其他数据都将等待。

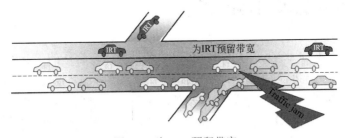

图 9-6　为 IRT 预留带宽

9.2.3　通信规划

用过车载导航的人一定听过"路径规划"，导航设备会在起点到终点之间按照要求选择一条最短的行车路径。这个道理同样适用于 PROFINET IRT 通信，而且通信路径规划是在特殊硬件（ERTEC 芯片）中完成的。

图 9-7 要求列车用尽可能短的时间从 A 点运行到 B 点，不仅需要选择最优路径，而且需要确定列车经停的站点，以及在每站的停留时间。通过规划通信路径，以及优化数据在每个中间设备的停留时间，就能实现最佳性能的实时通信。

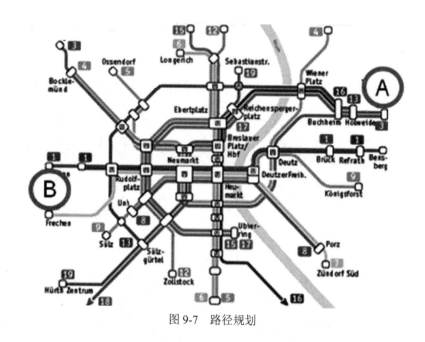

图 9-7　路径规划

9.3　不同的等时实时通信

对于大多数企业来说，PROFINET RT 是一个比较合适的工业以太网协议，它提供了经济的实时解决方案。实时通信（RT）能够满足通信的确定性，但网络同时需要传输大量的标准通信数据时，还是或多或少会受一些影响。这时，等时实时通信（IRT）横空出世，能满足对时间要求苛刻的应用，提供更先进的解决方案，即便通信数据量再大，仍能保证通信的确定性。于是，PROFINET IRT 成为运动控制理想的选择，比如说应用在一台印刷机的控制系统中。

9.3.1　高度灵活的等时实时通信

高度灵活的等时实时（IRT）通信对时钟同步和带宽预留有要求。IRT 通信的同步域内要求 IO 控制器、IO 设备和交换机都需要增强的实时以太网控制器（ERTEC 芯片）的支持，最小更新时间为 250μs，且发送时钟的抖动小于 1μs。增强的实时以太网控制器可在硬件技术中实现带宽预留，也就是说在每个总线周期都为等时实时通信分配了固定的时间段，而剩余时间段则用于实时以及 TCP/IP 通信。

高度灵活的等时实时通信（IRT High flexibility）可以通过公司现有网络进行实时应用，可简单和灵活的集成 PROFINET 设备，可为数据传输到实时控制提供预留传输足够的带宽，另外数据循环交换的同步传输过程。而当设备或网络发生故障导致无法完成同步功能时，IRT High flexibility 的实时等级将降为 RT 通信。"高度灵活性"可实现系统的简单规划和扩展而无需进行网络拓扑组态。表 9-2 比较了 RT 和高度灵活的 IRT。

表 9-2　RT 与高度灵活的 IRT 区别

属性	实时通信（RT）	高度灵活的 IRT
传输方式	通过以太网优先级（VLAN 标签）来确定实时消息帧的优先级	通过预留只用于传输 IRT 数据的时间段，即预留带宽，这时不用于传输 TCP/IP 数据
确定性	仍有些许不确定因素	预留带宽确保了 IRT 数据通信的确定性
硬件支持	无需特殊以太网控制器	需要特殊以太网控制器

9.3.2　高性能的等时实时通信

在专用集成电路的 ERTEC（增强了实时以太网控制器）以太网控制器实施的 IRT 传输方法，允许更新时间为 250μs 和发送时钟的抖动精度小于 1μs 来实现。IRT 通信的先决条件是一个同步周期用于在同一个同步域中的所有 PROFINET 设备。有了这个基本同步方式，在同一同步域内的 PROFINET 设备使用同一个同步传输周期。同步主站（IO 控制器）生成的同步时钟，所有其他的从站与时钟为基准进行同步。这就要求 IRT 通信的连接设备都要具有 ERTEC 芯片，中间不能存在非 ERTEC 控制器的设备。

高性能的 IRT 与高度灵活的 IRT 比较，网络管理需要规划该拓扑结构，这是等时实时通信（IRT）的基础，在维护和诊断设备时可以简化 PROFINET IO 系统的管理。这个同样需要硬件支持。

图 9-8 中显示了高度灵活的等时实时通信预留带宽的情形，可以看出，高度灵活的 IRT 在每个总线周期内预留了一部分固定的带宽用于 IRT 通信，但设备在每个总线周期内 IRT 数据实际使用的带宽都小于预设带宽，而且都不一样。

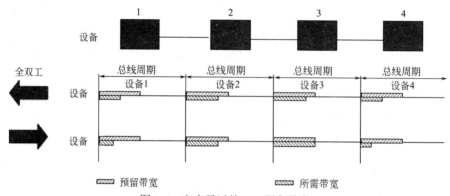

图 9-8　高度灵活的 IRT 预留带宽

图 9-9 显示了高性能的等时实时通信是如何优化预留带宽的，可以看出高性能的 IRT 根据实际使用的带宽对预留的带宽进行了优化，实现了按需分配带宽，就像在非上下班高峰时段，一般车辆也可以使用"公交专用车道"，真正优化了道路资源的分配。不仅如此，高性能的 IRT 还对 IO 数据在传输路径上进行优化。这需要在组态时提前规划，以便获得 PROFINET IO 系统的最佳性能。图 9-10 显示了在西门子编程工具中分别组态设置高性能与高度灵活的 IRT 通信。

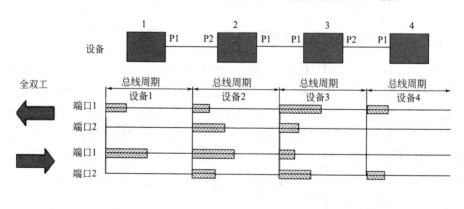

图 9-9　高性能的 IRT 预留带宽

至于 IRT 的等时实时同步，是 IRT 的高级应用，这时不但预留了带宽，而且还定义了数据传输的次序，这样可以保证刷新时间最小，在总线配置工具中需要设置拓扑，这也是与等时实时不同的，也就是为什么要在组态工具中设置拓扑结构的原因。这就是说，高性能的 IRT 不仅在时钟同步与带宽预留方面有优化，而且深度优化了带宽使用，并且使用的通信路径规划，所以才会叫"高性能"，名副其实嘛!

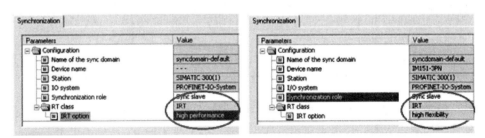

图 9-10　高性能与高度灵活的 IRT 的不同设置

9.4　小结

PROFINET 在 IRT 通信方式下应用在同步运动控制场合，这种基于硬件的同步实时（IRT）通信解决方案能够在大量数据需要传递的情况下保持足够高的时间确定性，使得通信抖动不会超过 1μs，满足需要快速时间反应的工业应用。

在 PI 组织的教程资料中，大多会介绍四种实时等级，其实在德国的部分 PROFINET 的专著中，还将 RT_CLASS_2 根据报文传输是同步还是非同步再细分成两种，非同步的 RT_CLASS_2 类似于 RT_CLASS_1，只是总线周期短一些。一开始，个人感觉这 RT_CLASS_2 挺"较真儿"的，还真像德国人做事情的态度。后来仔细想想，其实这种区别还是挺有必要的，实时通信之间的详细比较如表 9-3 所示。

表 9-3　PROFINET 的实时通信详细描述

项目	RT_CLASS_1/2	RT_CLASS_2	RT_CLASS_3
实时类型	实时	高度灵活	高性能
同步性	非同步	同步	
以太网控制器	标准	专用	
网络组件	标准交换机	带有同步功能的专用交换机	

续表

项目	RT_CLASS_1/2	RT_CLASS_2	RT_CLASS_3
传输类型	基于 MAC 地址		基于规划的拓扑路径
TCP/IP 传输	随时可以基于 802.1Q	只在总线周期的非确定性部分	
总线周期	8···2ms	1···2ms	<1ms
确定性 Determinism	不保证	指定交换机保证	端口保证
时钟同步（应用程序）	不具备	也许具备	可以
总线深度	接近 10/ms	>100	1µs 抖动 20

等时实时通信往往针对特殊的应用，为制造业企业带来最先进的、最高实时性能的解决方案。比如说在报纸印刷工厂，IRT 技术比 RT 技术提供了更高的精度和确定性，但无论是实时还是等时实时，企业选择技术方案的目的都是为了降低成本、提高效率。从这个角度而言，PROFINET 工业以太网解决方案都将提高制造业企业的生产效率。

⑩ 杂项——抛砖引玉

在信息化大变革的背景下，标准化成为智能制造系统互联互通的必要条件。实现智能制造需要构建庞大复杂的系统，信息系统、生产制造系统、自动化系统在产品的设计、生产、物流、销售、服务全生命周期中要协同互动，就需要协商一致的标准作为保障。此外，标准化的术语和定义可以帮助各参与方进行沟通和交流，从而实现整个行业的紧密合作。

10.1 PROFINET CBA

想想对于 PROFINET 还有什么没有介绍？那当然是 PROFINET 的另一个重要的协议——PROFINET CBA。

10.1.1 什么是 CBA

这个 CBA 不是指中国篮球联盟，而是指基于组件的自动化（Component Based Automation）。CBA 是一个模块化架构分布式控制，基于一个"面向对象方法"分布式自动化，提供了一个可扩展的架构处理复杂的分布式控制系统。

PROFINET CBA 考虑比较多的是与 PROFIBUS 的兼容性和连续性，没有更多地考虑了工业控制系统，特别是工厂自动化系统所要求的实时的时间性，简单地利用原来的 PROFIBUS FMS 的技术，很快地将以太网技术运用于工业领域。

从图 10-1 上来看，考虑一个生产线中可能包括不同供应商出品的设备，这些智能设备必须能相互通信，才能进行生产计划和产品控制。于是，设备生产商要为它们开发特定的应用程序。如果而且这些程序都具有一致的、标准化的接口，就可以将这些标准化的组件以较低的成本"连接"起来，建立完整的生产线控制系统。

PROFINET CBA 就包括了 IO 系统之间（两个自动化信息孤岛中控制器之间）的通信，这对于具备可编程功能的智能现场设备和自动化设备来说非常有效，组件模型将机器或装备的功能模块描述为工艺技术模块。分布式自动化系统对装备和机器进行模块化设计，因此大量地减少了工程设计成本。

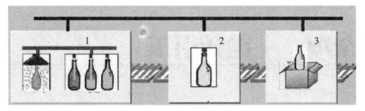

图 10-1　PROFINET CBA

10.1.2　组件对象模型

PROFINET 组件模型使用 DCOM（分布式 COM）作为 PROFINET 组件之间的公共应用协议。DCOM 基于标准化的 RPC 协议，是 COM（组件对象模型）的扩展，用于网络中对象的分发和它们之间的相互操作。PROFINET 采用 DCOM 可以实现读诊断数据、设备参数化、组态、建立连接和交换用户数据等功能。PROFINET 通过 PCD（PROFINET Component Description）来描述组件模型。描述文件是一个 XML 文件，可以使用制造商特定的组件生成器或组件编辑器来创建。如图 10-2 所示。

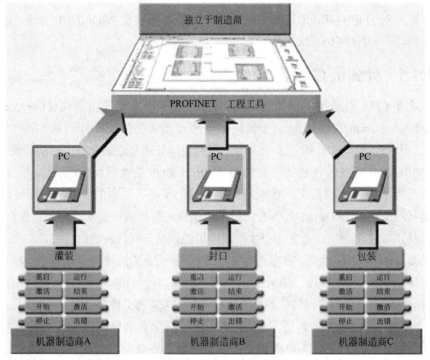

图 10-2　PROFINET 组件视图

10.2　集成现场总线系统

PROFINET 可以集成现有的现场总线系统，这意味着自动化系统可以是一种混合的系统，其中既有现场总线设备，又有基于以太网的设备。PROFINET 分布式自动化系统能够方便地集成已有现场总线，保护现有投资。

10.2.1　代理（Proxy）

PROFINET 提供了一个模型，可以在现有系统中使用代理，可以集成使用诸如 PROFIBUS、FF、CAN、Interbus 等现场总线传输工业数据的控制系统，即整个系统的通信方案可以由现场总线和工业以太网组合而成。

就像明星代言人一样，能够代为表述明星的正式发言，代理也能够将现场总线系统中的输入输出数据整合到 PROFINET 系统系统当中。如图 10-3 所示，连接 PROFINET 与 PROFIBUS 之间的设备就是代理。代理就相当于一个协议转换器。

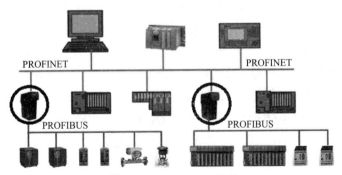

图 10-3　PROFINET 代理

10.2.2　PROFINET 网关

网关作为一个解决工业通信的方案，配置的过程和代理是大同小异的。工业通信网关能够简单有效地实现两种工业通信协议的转换，无论是简单的串行通信、传统的现场总线还是众多的实时以太网协议，工业网关都提供了一个共同的平台，用以进行任何两种工业自动化通信协议的透明转换，相当于是一种翻译。

这对于需要工厂改造与系统升级的用户来说，是非常便利的，因为可以在无需更换既有现场设备的前提下，实现新旧设备之间的通信。

10.3 PROFINET 组织与规范

PROFIBUS&PROFINET 国际组织（PI）负责制定 PROFINET 的规范，PI 在各地都有区域组织，简称区域 PROFIBUS 协会，中国 PROFIBUS&PROFINET 协会（简称 PI-China）是 PI 国际组织在中国地区的区域性组织，负责 PROFIBUS&PROFINET 相关技术、标准及规范在中国市场的推广，为广大会员提供相关产品测试与认证、PI 技术培训、研讨会等相关技术支持。

10.4 小结

工业 4.0 所要追求的就是在企业内部实行所有环节信息的无缝链接。工业 4.0 是发展的概念、一个动态的概念，工业 4.0 是一个理解未来信息技术与工业融合发展的多棱镜，站在不同角度会有不同的理解。工业 4.0 是智慧工厂，是智能制造。明确自动化技术在工业 4.0 理念中的地位，提出中国要搞工业 4.0，首先要对工业 2.0 进行补课，对工业 3.0 进行普及，加强自动化技术在生产制造产业链的应用。只有充分地采用自动化技术才能提高产品生产质量可靠性。

工业 4.0 为我们描绘了美丽的图景，只是通往美好未来的道路并不平坦，需要大家的共同参与和努力。虽然互联网带来的时代变革才刚刚开始，但产业互联网时代已经到来，放眼全球，发达国家利用技术优势，已经开始行动。为了中国制造业能够迎头赶上，我们需要智者、行者、强者、仁者，希望本章能起一个抛砖引玉的作用，工业 4.0 需要你，中国制造 2025 需要你！

参 考 文 献

［1］夏妍娜，赵胜．工业4.0：正在发生的未来．北京：机械工业出版社，2015.

［2］华海敏．全球制造业的颠覆——工业4.0．北京：电子工业出版社，2015.

［3］李杰．工业大数据——工业4.0时代的工业转型与价值创造．北京：机械工业出版社，2015.

［4］张学东，谢兴全，李潮．PROFINET CBA组件的应用实现．信息与电子工程，2010（2）.

［5］［德］伯尔曼著，工业以太网的原理与应用.杜品圣，张龙，马玉敏编译.北京：国防工业出版社，2011.

［6］LLDP技术介绍．华为技术白皮书.

［7］陈曦，张桂红．PROFINET IO系统实时报文的深入解析．中国仪器仪表，2015（2）.

［8］陈曦，张桂红．探析PROFINET的LLDP协议．中国仪器仪表，2015（12）.

［9］陈曦，张桂红．探析PROFINET的产品的两个重要概念．中国仪器仪表，2014（9）.

［10］陈曦，张桂红．KW公司的PROFINET产品技术探析．中国仪器仪表，2013（增刊）.

［11］张浩，马玉敏，杜品圣．Interbus现场总线与工业以太网技术.北京：机械工业出版社，2006.

［12］徐颖秦．物联网——开启智慧大门的金钥匙．北京：中国电力出版社，2012.

［13］西门子公司．Siemens PROFINET System Manual.

［14］陈曦.一个大型PROFINET IO工厂自动化实时网络的研究．中国仪器仪表，2014（8）.

［15］杜品圣．现场总线与工业以太网的应用分析．现代制造工程，2006（3）.

［16］M. Felser. Real-Time Ethernet - Industry Prospective. in Proc. of IEEE, 2005, 93(6), 1118-1129.

［17］P. Ferrari, A. Flammini, D. Marioli, A. Taroni. A Distributed Instrument for Performance Analysis of Real-Time Ethernet networks.IEEE Transactions on Industrial Informatics, 2009, 4(1), 16-25.